提高科学思维能力

白 皓 主编

中央党校出版集团 大有书局

图书在版编目（CIP）数据

提高科学思维能力 / 白皓主编. —北京：大有书局，2024.5（2024.6重印）

ISBN 978-7-80772-174-1

Ⅰ.①提… Ⅱ.①白… Ⅲ.①科学思维-能力培养 Ⅳ.①B804

中国国家版本馆 CIP 数据核字（2024）第 080627 号

书　　名	提高科学思维能力
作　　者	白　皓　主编
出版统筹	严宏伟
责任编辑	孟宪爽　西　茜
责任校对	李盛博
责任印制	袁浩宇
出版发行	大有书局
	（北京市海淀区长春桥路6号　100089）
综 合 办	（010）68929273
发 行 部	（010）68922366
经　　销	新华书店
印　　刷	中煤（北京）印务有限公司
版　　次	2024 年 5 月第 1 版
印　　次	2024 年 6 月第 2 次印刷
开　　本	710 毫米×1000 毫米　1/16
印　　张	13.5
字　　数	187 千字
定　　价	56.00 元

本书如有印装问题，可联系调换，联系电话：（010）68928947

前 言

科学思维能力是马克思主义世界观方法论的生动体现,是一个具有整体性的思想方法论逻辑体系,蕴含着党的创新理论的立场、观点、方法。党的十八大以来,以习近平同志为核心的党中央站在党和国家事业发展全局的战略高度,就加强干部队伍能力建设作出一系列重大部署,科学回答了在新时代背景下为什么要提升能力本领、提升哪些能力本领、怎样提升能力本领等一系列重大时代课题,为培养造就堪当民族复兴重任的高素质干部队伍提供了根本遵循。科学思维能力作为马克思主义价值立场、科学方法论、实践品格的生动体现,理应成为新时代领导干部提升能力本领、创新工作思路的重要内容。

2013 年,习近平总书记在全国组织工作会议上指出,干部要提高四种思维能力:战略思维、创新思维、辩证思维和底线思维能力。2017 年,习近平总书记在党的十九大报告中强调,要坚持战略思维、创新思维、辩证思维、法治思维、底线思维,科学制定和坚决执行党的路线方针政策,把党总揽全局、协调各方落到实处。2019 年,习近平总书记在省部级主要领导干部坚持底线思维着力防范化解重大风险专题研讨班开班式上强调指出,要提高战略思维、历史思维、辩证思维、创新思维、法治思维、底线思维能力,善于从纷繁复杂的矛盾中把握规律,不断积累经验、增长才干。2022 年,习近平总书记在党的二十大报告中进一步强调指出,要不断提高战略思维、历史思维、辩证思维、系统思维、创新思维、法治思维、底线

提高科学思维能力

思维能力，为前瞻性思考、全局性谋划、整体性推进党和国家各项事业提供科学思想方法。2023年5月，习近平总书记在视察陕西时再次强调，要切实提高战略思维、辩证思维、系统思维、创新思维、历史思维、法治思维、底线思维能力，做到善于把握事物本质、把握发展规律、把握工作关键、把握政策尺度，增强工作科学性、预见性、主动性、创造性。我们要认真学习领会，坚持通专结合，着力增强提升思维能力的针对性、实效性。

为帮助广大党员干部深入学习领会习近平总书记关于思维方式的重要论述，切实提高科学思维能力，我们编写了《提高科学思维能力》一书，力求对战略思维、历史思维、辩证思维、系统思维、创新思维、法治思维、底线思维的科学内涵、重点要求和方法路径进行系统阐释，引导、帮助广大党员干部把习近平新时代中国特色社会主义思想的世界观、方法论和贯穿其中的立场观点方法转化为自己的科学思想方法。

由于水平能力有限，书中可能存在疏误之处。敬请广大读者批评指正，以便日后修改完善。

编　者
2023年11月

目 录

提高战略思维能力

一、提高对战略思维重要性的认识 …………………… 003

二、把握战略思维的本质 ……………………………… 006

三、掌握战略思维的方法 ……………………………… 011

四、加强战略思维训练 ………………………………… 026

提高历史思维能力

一、历史思维的科学内涵 ……………………………… 034

二、历史思维的重要价值 ……………………………… 041

三、提高历史思维能力的方法路径 …………………… 047

提高辩证思维能力

一、怎样认识辩证思维能力 …………………………… 066

二、为何重视辩证思维能力 …………………………… 072

三、如何提高辩证思维能力 …………………………… 078

提高系统思维能力
一、系统思维的科学内涵和本质 …………………………… 094
二、系统思维赋能的内在依据 ……………………………… 098
三、提高系统思维能力的方法路径 ………………………… 102

提高创新思维能力
一、创新思维的内涵与特征 ………………………………… 121
二、为什么要提高创新思维能力 …………………………… 125
三、提高创新思维能力的制约因素 ………………………… 128
四、提高创新思维能力的实践路径 ………………………… 132

提高法治思维能力
一、法治思维能力的生成逻辑 ……………………………… 149
二、法治思维能力的核心要义 ……………………………… 156
三、法治思维能力的实践要求 ……………………………… 161

提高底线思维能力
一、正确理解底线思维 ……………………………………… 177
二、新时代提高底线思维能力的重要性和紧迫性 ………… 182
三、怎样提升底线思维能力 ………………………………… 189

后　记 ……………………………………………………… 209

提高战略思维能力

我们党历来重视战略问题。建党一百多年来，中国共产党人坚持以马克思主义为指导，注重从战略高度思考中华民族的前途命运，围绕革命、建设、改革和党的建设中的重大历史课题，制定出正确的政治战略和策略，这是党战胜无数风险挑战、不断从胜利走向胜利的有力保证。习近平总书记在党的二十大报告中指出：我们要善于通过历史看现实、透过现象看本质，把握好全局和局部、当前和长远、宏观和微观、主要矛盾和次要矛盾、特殊和一般的关系，不断提高战略思维、历史思维、辩证思维、系统思维、创新思维、法治思维、底线思维能力，为前瞻性思考、全局性谋划、整体性推进党和国家各项事业提供科学思想方法。领导干部要自觉增强战略思维的修养，不断提高战略思维能力。提高战略思维能力，要充分认识战略思维的重要性，把握战略思维的本质，掌握战略思维的方法，加强战略思维的训练。

一、提高对战略思维重要性的认识

战略乃取胜之道。从词源学上讲，"战略"一词起源于军事，是指对战争全局的筹划和指导。中国古代称为权谋、方略、庙算等，西方称为"将军的艺术"。在中国最早见于公元 3 世纪末晋代司马彪所著《战略》一书。今天有据可考的，是诞生于公元 17 世纪初期明朝茅元仪所编辑的《二十一史战略考》。在西方，"战略"一词最早于公元 5 世纪前后出现在希腊语中，原意是"将道"。战略被广泛运用于军事、政治、商业等诸多具有挑战性的领域。从某种意义上说，一部人类成长史，就是一部战略的生成和发展史；一部战略史，就是一部人类的奋斗与进化史。

战略是从全局、长远、大势上作出的决策和判断。战略的本质是一种思想方法。战略思维是领导者从战略层面进行理性思考，统筹谋划全局，

提高科学思维能力

正确处理解决重大问题的一种能力,是领导者做好领导工作的重要条件,也是领导者领导力水平高低的重要体现。提高领导干部的战略思维,对于建设高素质干部队伍、加强党的执政能力建设具有重要意义。

(一) 战略思维是加强党的执政能力建设的需要

我们总结历史上的重大成败得失,最终都归结到战略的正确与否。在《隆中对》中诸葛亮提出的战略构想,为刘备三分天下奠定了基础。朱升提出的"高筑墙,广积粮,缓称王"的战略方针,是朱元璋的胜利之本,毛泽东同志对此评价甚高,称赞其"九字国策定江山"。库利科夫在《战略领导论》的序言中指出:"我国在战略领导组织研究领域上的空白,曾不止一次地使俄罗斯遭受了不必要的损失,有时甚至是重大损失。1979—1989年的阿富汗战争和1994—1996年的第一次车臣战争都是这方面的很好例证。我国在伟大的卫国战争初期之所以失利,同样也存在着重大的战略领导问题。"[①] 总之,战略领导决定组织的生死存亡,甚至决定国家的命运和前途。

习近平总书记多次强调:"战略问题是一个政党、一个国家的根本性问题。战略上判断得准确,战略上谋划得科学,战略上赢得主动,党和人民事业就大有希望。"[②] 当今世界正经历百年未有之大变局,世界进入新的动荡变革期,正在经历大调整、大分化、大重组。面对错综复杂的情况,针对实践中遇到的新问题、改革发展中存在的深层次问题、人民群众急难愁盼的问题、国际变局中的重大问题、党的建设面临的突出问题,我们不仅要学会怎么看、还要知道怎么办,这需要从战略层面做好谋划,下好先手棋,打好主动仗。领导干部是治国理政的领导者和组织者,只有具备较高的战略思维能力,掌握科学的思想方法,才能正确应对新挑战、解决新问

---

① 〔俄〕安·阿·科科申:《战略领导论》,杨晖译,军事科学出版社2005年版,第1页。
② 《习近平著作选读》第二卷,人民出版社2023年版,第582页。

题，更好地担当起治国理政的重任。

（二）战略思维是提高领导干部科学决策能力的需要

政策和策略是党的生命。政策层面的决策往往是战略决策。战略决策是战略思维的延伸，领导干部是否具有高超的战略思维能力，决定着决策水平的高低。战略思维是对决策事项全局的把握，具备战略思维的领导者往往具有更好的全局观和洞察力，更可能作出符合实际的决策。习近平总书记在2020年秋季学期中央党校（国家行政学院）中青年干部培训班开班式上的讲话中强调："做到科学决策，首先要有战略眼光，看得远、想得深。领导干部想问题、作决策，一定要对国之大者心中有数，多打大算盘、算大账，少打小算盘、算小账，善于把地区和部门的工作融入党和国家事业大棋局，做到既为一域争光、更为全局添彩。"领导干部只有具有战略眼光和战略思维能力，才能落实好党中央精神，才能够作出符合本单位、本部门、本地区实际的科学决策。

（三）战略思维是领导干部自身成长的需要

政治路线确定以后，干部就是决定的因素。高度重视对领导干部战略思维能力的培养，是中国共产党的传统和优势。在延安时期，我党就高度重视干部的教育培训，先后成立中国人民抗日军政大学和中共中央党校等学校，负责干部的教育和培训。毛泽东同志曾多次强调："抗大要上战略课，讲大局大兵团的战略。只有了解大局的人才能合理而恰当地处置小的问题。即使是当排长的也应该有个全局的图画，这样才有大的发展。"[①] 新中国成立后，陈云同志多次强调，从事经济工作的同志也应具有战略头脑，他说："过去旧商人中，有一种头戴瓜皮帽、手拿水烟袋的，他们专门考虑

[①] 中共中央文献研究室编：《毛泽东年谱（1893—1949）（修订版）》中册，中央文献出版社2013年版，第62页。

'战略性问题',比如,什么货缺,应该什么时候进什么货。我们县商店的经理一天忙得要死,晚上还要算帐(账)到十二点,要货时,再开夜车临时凑。看来,我们的县商店,也应该有踱方步专门考虑'战略性问题'的人。"① 2000年,《中共中央关于面向21世纪加强和改进党校工作的决定》第一次把战略思维作为党校教学布局的一个方面。2019年10月25日,中共中央发布《中国共产党党校(行政学院)工作条例》,其中第二十一条明确规定:"教学布局应当坚持以学习习近平新时代中国特色社会主义思想为中心内容和首要任务,着眼于提高党的领导干部的政治觉悟、政治能力和执政本领,以掌握理论创新最新成果为重点夯实学员的理论基础,以坚定理想信念、增强宗旨观念和改进作风为重点加强学员的党性修养,以把握时代特征和国际经济政治形势为重点拓展学员的世界眼光,以强化全局观念和应对复杂局面为重点培养学员的战略思维。"当前,一些中青年领导干部,从事领导工作的时间不长,许多还是在做技术性、业务性和局部性的工作,容易陷入具体事务圈子,喜欢从专业的角度去思考问题,不善于从战略高度认识问题,战略思维能力还不够高。拉姆·查兰在《领导梯队》中指出,任何想在领导梯队中向上高升的人,都需要富有远见,具有谋篇布局的能力。看一位领导干部有无发展潜力,能否高质量做好工作,在很大程度上就是看其是否具有战略思维能力。因此,自觉提升战略思维能力,主动提高战略素养,是领导干部自身成长的需要,也是提升领导力的需要。

二、把握战略思维的本质

思维是人类有意识把握客观事物的高级形式。人们在实践的基础上,

---

① 《陈云文选》第二卷,人民出版社1995年版,第334—335页。

运用感性认识材料，通过概念、判断和推理，形成合乎逻辑的理性认识和理性思维。战略思维就是一种理性思维，是领导者认识、思考和处理战略问题的思维活动、观念、方式和方法的总称。"战略思维是从全局高度把握客观事物的一种高级思维形式，是思维主体依据战略诸要素形成战略思想、战略方针和战略决策而进行的观念运动。"① 毛泽东同志指出："研究带全局性的战争指导规律，是战略学的任务。"② 这一论断不仅指出了战略思维研究的对象，而且指出了战略思维活动的本质。

战略思维的核心要义是总揽全局，其基本着眼点是如何处理全局和局部、当前与长远、目标和手段的关系问题③。具体来说，战略思维的本质要求主要体现在以下三个方面。

（一）全局和局部的关系

"不谋全局者，不足谋一域。"战略思维是关于实践活动的全局性思维，要求领导者具有全局观念，善于进行全局性谋划。所谓全局性谋划，就是善于处理好局部和全局的关系，善于把局部问题放在全局中思考和谋划。战略思维的整体性要求，主要体现在战略要立足全局，全局性是其基本特性，全局性不是孤立的全局、空泛的全局、离开局部的全局，而是与局部保持层次关系的、具有特定关联的全局。统筹全局是战略思维的第一要义。进行战略判断，必须着眼于全局；进行战略决策，必须把握全局；进行战略实施，必须驾驭全局。毛泽东同志指出："要求战役指挥员和战术指挥员了解某种程度的战略上的规律，何以成为必要呢？因为懂得了全局性的东西，就更会使用局部性的东西，因为局部性的东西是隶属于全局性的东西的。说战略胜利取决于战术胜利的这种意见是错误的，因为这种意见没有

---

① 雷亮、王磊：《论战略思维》，军事科学出版社2011年版，第27页。
② 《毛泽东选集》第一卷，人民出版社1991年版，第175页。
③ 参见段培君主编：《战略思维：理论与方法》，中共中央党校出版社2011年版。

看见战争的胜败的主要和首先的问题,是对于全局和各阶段的关照得好或者关照得不好。"① 粟裕是我军优秀的大战略区指挥员,由于他能够很好地处理战争全局与局部的关系,在解放战争中指挥华东野战军取得了卓越的战功。他说:"作为一个战役指挥员,在即将执行上级赋予的作战任务时,应当结合战争的全局进行思考,从全局上考虑得失利弊,把局部和全局很好地联系起来。全局是由许多局部组成的,从局部看到的问题,也许会对中央观察全局、做出决策有参考价值。"② 不能正确处理全局和局部的关系,就会导致战略的失败。没有全局在胸,是不会落下一着好棋子的。中国工农红军在第五次反"围剿"期间,"左"倾错误路线领导人采取"御敌于国门之外",主张"不丧失一寸土地",反对积极防御的战略方针,直接导致第五次反"围剿"的失败,红军被迫进行长征。后来,毛泽东同志在《中国革命战争的战略问题》中总结说:"他们看问题仅从一局部出发,没有能力通观全局,不愿把今天的利益和明天的利益相联结,把部分利益和全体利益相联结,捉住一局部一时间的东西死也不放。"③ 战略领导者要善于从战略全局利益出发谋划事情,切不可因小失大。比如,第二次世界大战期间,英国首相丘吉尔决定以牺牲考文垂市为代价,保护破译了德军的"超级密码"这一超级机密,就是从战略全局出发作出的战略选择,从而为以后的大不列颠之战和北非战役的胜利奠定了基础。

(二) 当前和长远的关系

"不谋万世者,不足谋一时。"这句话强调要从时间维度来看战略。战略思维在时间维度上的展开,主要表现为两种情况:一种是对可能出现的情况作出预见,是从现在到未来的预见性结构。凡是战略,都包含着某种

---

① 《毛泽东选集》第一卷,人民出版社1991年版,第175页。
② 《粟裕回忆录》,人民出版社2022年版,第423页。
③ 同①,第212页。

预见。战略目标就是基于某种预见或预见集合而作出的选择。另一种是过程中的调整和发展。战略在展开的过程中,总会遇到不确定性因素,需要不断调整和优化。习近平总书记指出:"我们做一切工作,都必须立足当前、着眼长远。我们强调求实效、谋长远,求的不仅是一时之效,更有意义的是求得长远之效。"① 战略思维是一种预见性和发展性结构,要立足当前,着眼未来。战略"不是以过去推导未来",而是"以未来推导现在",以终局看布局。1935 年,毛泽东同志为中共中央起草关于军事战略问题的决议时,曾经写下这样一段文字:拿战略方针去指导战役战术方针,把今天联结到明天,把小的联结到大的,把局部联结到全体,反对走一步看一步。实际上,他这里着重强调了要善于用发展的眼光看待战略问题。1936 年 5 月,中央政治局召开扩大会议,毛泽东同志在报告中说:"要弄西北局面及全国大局面,没有大批干部是不行的,现在不解决这个问题,将来会犯罪。办一所红军大学来培养大批干部,以适应形势发展的需要。"② 毛泽东同志的上述讲话,充分体现了战略思维要正确处理当前和长远关系的重要性。

(三) 目标和手段的关系

从战略概念的起源来看,战略的立足点是效用,通过一定的谋略和方法达到一定的效果。战略要处理好目标和手段关系的观点,得到众多战略学家的认同。比如,德国战略学家克劳塞维茨在《战争论》中指出:"战略是为了战争目的而运用战斗的学问。"③ 英国战略学家李德·哈特在《战

---

① 习近平:《干在实处　走在前列——推进浙江新发展的思考与实践》,中共中央党校出版社 2006 年版,第 549 页。

② 中共中央文献研究室编:《毛泽东年谱(1893—1949)(修订版)》上册,中央文献出版社 2013 年版,第 540 页。

③ 〔德〕克劳塞维茨:《战争论》,时殷弘译,商务印书馆 2016 年版,第 103 页。

略论》中指出："战略是一种分配和运用军事手段来实现政策目标的艺术。"① 美国战略学家柯林斯在《大战略：原则与实践》中指出：大战略是运用国家力量的一门艺术和科学。其目的在于通过威慑、武力、外交、诡计以及其他手段实现国家安全的利益和目标。实际上，柯林斯是强调战略目标和手段之间的适应性问题。美国冷战史研究专家加迪斯在《论大战略》中指出："大战略就是无限远大的抱负与必然有限的能力之间的结合。"② 上述论述强调了战略目标和手段之间的匹配，这种匹配恰恰需要发挥主观能动性，调动资源，丰富手段，实现目标。毛泽东同志指出："战争的胜负，主要地决定于作战双方的军事、政治、经济、自然诸条件，这是没有问题的。然而不仅如此，还决定于作战双方主观指导的能力。军事家不能超出物质条件许可的范围外企图战争的胜利，然而军事家可以而且必须在物质条件许可的范围内争取战争的胜利。军事家活动的舞台建筑在客观物质条件的上面，然而军事家凭着这个舞台，却可以导演出许多有声有色威武雄壮的活剧来。"③

战略的本质强调目标和手段的关系，恰恰是战略思维务实性和实践性的表现。战略是一种"经世之学"，战略思维必须有助于实际问题的解决，而不可流于空洞的玄想，要有务实取向。正如布罗迪所言："今天有人希望创建一种真正的战略科学或理论，其中充满了不变而具有深义的原则，但此种愿望只能表示他们对于主题具有基本误解。"④ 战略思维的务实性可以作如下理解：一是必须认清时空背景，否则战略思维会不切实际。战略思想在时间和空间两个方面都必须适应其所面对的环境，否则会与现实脱节。二是战略思维要具有弹性。战略领域中充满不确定性因素，不仅未来很难

---

① 〔英〕李德·哈特：《战略论：间接路线》，钮先钟译，上海人民出版社 2010 年版，第 438 页。
② 〔美〕约翰·刘易斯·加迪斯：《论大战略》，臧博、崔传刚译，中信出版集团 2019 年版，第 23 页。
③ 《毛泽东选集》第一卷，人民出版社 1991 年版，第 182 页。
④ 钮先钟：《战略研究入门》，文汇出版社 2016 年版，第 118 页。

预测，而且竞争对手的意图也很难控制。因此，战略必须保持弹性，能够随机应变。三是战略有其目标，但实现目标的手段又具有选择性。战略的意义即为选择，这种选择性体现在主动性、适合性、可行性和可受性的统一上。

三、掌握战略思维的方法

战略学专家钮先钟指出："战略是一种思想，一种计划，一种行动。也可以说战略是始于思想，而终于行动，在思想与行动之间构成联系者是计划。所以，凡是在战略思想、战略计划和战略行动三方面的任一方面能有相当成就或贡献的人，就都可以算是战略家。"[1] 战略思维的方法可以分为战略思想方法、战略制定方法和战略领导方法，分别对应了战略的认识论、方法论和实践论。

（一）战略思想方法

战略是智慧之学，反映认知深度，体现了哲学的认识论思想。提高战略思维能力，要着重把握思想方法，这是战略思维的底层逻辑。战略思想方法就是善于把握重点、统筹兼顾、开阔视野、照应阶段、抓住机遇[2]。

1. 善于把握重点，抓主要矛盾

善于在全局中把握重点是战略思维能力最重要的表现。系统的各个要素在其中发挥的作用是不同的，有的是有决定意义的、最重要的，也有的是比较重要的，还有的不是十分重要。毛泽东同志在《矛盾论》中指出："在复杂的事物的发展过程中，有许多的矛盾存在，其中必有一种是主要的矛盾，由于它的存在和发展规定或影响着其他矛盾的存在和发展。""万千

---

[1] 钮先钟：《战略家：思想与著作》，文汇出版社2016年版，第191页。
[2] 参见杨春贵主编：《中国共产党人的战略思维》，中国社会科学出版社2018年版。

的学问家和实行家，不懂得这种方法，结果如堕烟海，找不到中心，也就找不到解决矛盾的方法。"① 如何把善于抓住主要矛盾的思想方法运用到具体领导工作中，毛泽东同志在《关于领导方法的若干问题》中说："在任何一个地区内，不能同时有许多中心工作，在一定时间内只能有一个中心工作，辅以别的第二位、第三位的工作。"② 坚持"重点论"，抓住"牛鼻子"，就是要善于抓住主要矛盾和中心任务，善于抓住重大矛盾和战略布局，善于抓住关键环节和工作着力点。毛泽东同志善于抓主要矛盾的领导方法就很值得学习。1935年12月，中共中央率领红一方面军到达陕北以后，党中央和毛泽东同志根据中日矛盾已成为中国社会主要矛盾的状况，在瓦窑堡会议上提出了建立抗日民族统一战线的政策，实现了党的政治路线的转变，并在随后的"西安事变"中采取正确的政策和策略，为第二次国共合作奠定了基础。以解放战争时期的"三大战役"为例，毛泽东同志善于抓住每一次战役的枢纽进行军事部署，赢得了战役的主动权。辽沈战役的关键点就在于攻取锦州，东北解放军只要拿下锦州，就可以掌握整个战役的主动权；淮海战役第一阶段的重心是集中力量歼灭黄百韬兵团，完成中间突破；平津战役的关键点在塘沽和新保安，重点在拿下傅作义的35军。邓小平同志也是善于抓主要矛盾开展工作的典范。1975年，邓小平同志第二次复出后开始整顿国民经济工作。当时全国经济工作局面相当混乱，积累了很多问题，需要首先确定从哪里入手整顿。经济要恢复正常秩序，交通运输业首先要确保畅通，当时的关键就是铁路运输。所以，邓小平同志选择了铁路行业开始整顿，并首先从徐州火车站开始抓起，取得经验后推广到全国，这就为国民经济的恢复奠定了基础。

2. 善于统筹兼顾，学会"弹钢琴"

强调重点不是忽视其他要素的存在和作用。全局是由局部构成的，正

---

① 《毛泽东选集》第一卷，人民出版社1991年版，第320、322页。
② 《毛泽东选集》第三卷，人民出版社1991年版，第901页。

确处理好全局和局部、局部和局部的关系很重要。这需要坚持"两点论",学会统筹思维,掌握统筹方法,具体工作中要学会"弹钢琴"的领导艺术。毛泽东同志多次强调要善于从全局出发,抓住重点,兼顾一般,对事情要做到"统筹兼顾,恰当安排",对人要"统筹兼顾,各得其所"。

一方面,对系统中各方面工作要统筹兼顾,不可顾此失彼,挂一漏万。比如,1936年12月,毛泽东同志在《中国革命战争的战略问题》中指出:"战略问题,如所谓照顾敌我之间的关系,照顾各个战役之间或各个作战阶段之间的关系,照顾有关全局的(有决定意义的)某些部分……等等问题的区别和联系,都是眼睛看不见的东西,但若用心去想一想,也就都可以了解,都可以捉住,都可以精通。这就是说,能够把战争或作战的一切重要的问题,都提到较高的原则性上去解决。达到这个目的,就是研究战略问题的任务。"[①] 1949年,毛泽东同志在《党委会的工作方法》中强调:"弹钢琴要十个指头都动作,不能有的动,有的不动。但是,十个指头同时都按下去,那也不成调子。要产生好的音乐,十个指头的动作要有节奏,要互相配合。党委要抓紧中心工作,又要围绕中心工作而同时开展其他方面的工作。"[②] 1956年,毛泽东同志在《论十大关系》一文中强调,要正确处理重工业和轻工业、农业的关系,沿海和内地的关系,经济建设和国防建设的关系,国家、生产单位和生产者个人的关系,中央和地方的关系等十个方面的关系,这是统筹兼顾的经典之作。

党的十八大以来,面对复杂多变的环境和艰巨的任务,习近平总书记强调,要坚持党的全面领导,做到总揽全局,协调各方。领导干部要掌握统筹思维,善于用统筹方法指导工作。2015年12月20日,习近平总书记在中央城市工作会议上指出,城市工作是一个系统工程,要尊重城市发展规律,做好"五个统筹",即"统筹空间、规模和产业三大结构""统筹规

[①]《毛泽东选集》第一卷,人民出版社1991年版,第177—188页。
[②]《毛泽东选集》第四卷,人民出版社1991年版,第1442页。

划、建设、管理三大环节""统筹改革、科技、文化三大动力""统筹生产、生活、生态三大布局""统筹政府、社会、市民三大主体"①。

另一方面，对人民内部利益各方面要统筹兼顾，不能只顾一部分人利益而忽视其他人的利益，更不能不顾多数人的利益。比如，共同富裕理念的提出就是要照顾到各阶层各方面人的利益。做到统筹兼顾，还要正确处理各方面的关系，最为重要的是比例关系和顺序关系。比例关系，就是要确定一个优化的比例，明确何者为重，何者为轻。系统要素的比例不同，系统的效能就不一样，优化的比例才能产生优化的效能。比如，配备良好的领导班子要考虑年龄结构、知识结构、教育层次、专业结构、性格结构等方面。顺序关系，就是在时间维度上确定何者为先、何者为后的问题。20世纪80年代，邓小平同志提出"两个大局"的战略思想，就体现了在统筹兼顾中要考虑顺序和时间关系。

3. 坚持开放思维，开阔视野

任何系统都是开放的，开放性是系统思想的重要原则。20世纪40年代以来，人们对系统开放性的认知不断得到深化，贝塔朗菲首先提出了开放系统理论，随后普利高津提出了耗散结构理论，哈肯提出了协同说，艾根提出了超循环理论。系统作为整体，既要考虑系统内部各要素之间的关系，又要考虑系统与外部环境的关系。所谓系统的开放性，就是指系统与外部环境之间要不断进行物质、能量和信息的交换和传递。系统的开放性原则揭示的是系统凭借与外界环境的这种相互联系、相互作用而不断发展演化的特点。它表明：第一，开放是系统维持自身生存和发展的必要条件。同外部环境进行信息、能量和物质交换的过程中，系统通过引进"负熵"才能维持和更新自身的结构，实现从无序到有序的演进。第二，系统处于封闭状态并且不能正常地与外界进行物质、能量、信息的交换，系统的结构

---

① 《习近平著作选读》第一卷，人民出版社2023年版，第409、411、415、419、422页。

就不能维持和发展，并导致最终走向解体和混乱[1]。

坚持系统观念，就是要关注系统以外的环境，能够跳出系统看系统，"站在月球看地球"。著名管理学家德鲁克指出："一位管理者，如果不能有意识地努力去观察外部世界，则组织内部的事务必将蒙蔽他们，使他们看不见真正的现实。"[2] 邓小平同志提出的"现在的世界是开放的世界""中国的发展离不开世界"，就是观察当代世界发展大势、总结历史经验所得出的重要结论，也是中国改革开放对系统开放性原则最出色的运用。他强调，"眼界要非常宽阔，胸襟要非常宽阔"，"放眼世界，放眼未来，也放眼当前，放眼一切方面"[3]。习近平总书记基于当今世界发展大势，提出以高质量共建"一带一路"为实践平台，构建人类命运共同体的倡议，就是胸怀天下、视野开阔的典型表现。

4. 运用发展眼光，照应阶段

马克思主义认为，世界是普遍联系和永恒发展的，发展的观点包括关于事物运动、变化和发展的看法。"发展，是事物的一种运动状态，但又不是事物的一般运动状态，而是特指事物向前的、向上的、由低级向高级进步的、不断推陈出新的运动；是量变到质变的进展，是旧事物的衰退和新事物的产生的过程，是波浪式的前进和螺旋式的上升，是由低级形态向高级形态的前进、上升运动。"[4] 坚持发展的观点，就是要从"过程"角度研究全局，正确处理阶段与阶段之间的关系，要看到事物发展的过去、现在和未来，善于立足当前，回溯历史，展望未来。

照应阶段应具体做到以下几点：一是立足当前，不好高骛远。唯物主义要求我们在考虑问题的时候一定要实事求是，不能用抽象的可能性代替

---

[1] 参见王伟光主编：《新大众哲学》，中国社会科学出版社2017年版。
[2] 〔美〕彼得·德鲁克：《卓有成效的管理者》，许士详译，机械工业出版社2009年版，第123页。
[3] 《邓小平文选》第三卷，人民出版社1993年版，第299、300页。
[4] 王伟光主编：《新大众哲学》，中国社会科学出版社2017年版，第245页。

现实的可能性，也不能用幻想的东西代替现实的东西。我们制定路线、方针、政策的依据是现实的世情、国情和党情。党的历史上所犯的"左"倾或右倾错误的根源往往都是当时的政策超越了阶段所导致的。二是放眼长远，以终为始。这需要我们在实现今天任务的同时，为明天的发展准备条件。毛泽东同志指出："战略指导者当其处在一个战略阶段时，应该计算到往后多数阶段，至少也应该计算到下一个阶段。尽管往后变化难测，愈远看愈渺茫，然而大体的计算是可能的，估计前途的远景是必要的。那种走一步看一步的指导方式，对于政治是不利的，对于战争也是不利的。"① 他在《论持久战》中，把中日战争的发展分成战略防御、战略相持和战略反攻三个阶段，就是运用发展眼光，照应阶段和预见未来的表现。另外，事物的阶段与阶段之间，不但相互区别、相互联系，还在一定条件下相互转化。这就需要领导者要因人、因地、因时而变，及时调整和转变政策与策略。成都武侯祠有这样一副对联："能攻心则反侧自消，从古知兵非好战；不审势即宽严皆误，后来治蜀要深思。"后一句的大体意思是，宽和严都是相对的，要根据具体情况采取宽严适度的治理蜀地的办法。

5. 善于顺势而为，抓住机遇

"虽有智慧，不如乘势"，意思是即使有智慧，也不如利用有利时势，有利的时势就是机遇和时机。战略学者洪兵认为，势是东方战略思想中的一个重要范畴，从某种意义上讲，战略就是围绕势做文章。《孙子兵法·势篇》指出："故善战者，求之于势，不责于人，故能择人而任势。"② 英国战略理论家李德·哈特说："真正的目的与其说是寻求战斗，不如说是一种有利的战略形势，也许战略形势是如此有利，以至于即使它本身不能收到决定性的效果，那么在这个形势的基础上，要打一仗就肯定可以收到这种

---

① 《毛泽东选集》第一卷，人民出版社 1991 年版，第 221—222 页。
② 《孙子》，袁啸波校注，上海古籍出版社 2013 年版，第 63—64 页。

决定的战果。"① 当然，度势一定要与审时联系起来。中国古代对时非常重视，有过很多精辟论述。范蠡说：夫圣人随时以行，是谓守时。商鞅说：治国之道，皆随时而变。俗话说，机不可失，时不再来。时机就是一种机遇，就是可能性。可能性是指事物内部潜在的、预示事物发展前途的种种趋势，是潜在的尚未实现的东西。我们要在尊重客观规律的基础上，发挥人的主观能动性，积极地改变某些不利条件为有利条件，并创造尚不具备又是实际需要的并有可能创造的新条件，促使将对人们有利的可能性转化为现实。

可能性对主体来说，就是机遇。科学决策就是要善于抢抓机遇，果断决策。科学决策要做到多谋善断，不仅要多谋，更要善断。所谓善断，就是不仅要断得正确，还要断得及时。当断不断，反受其乱。唐朝诗人罗隐在《筹笔驿》中写道："时来天地皆同力，运去英雄不自由。"这两句诗就是强调抓住机遇的重要性。毛泽东同志特别强调决策中抓住时机的问题。吴冷西回忆说，有一次毛泽东同志和他谈话中说道："有些同志是书生，最大的缺点是优柔寡断。袁绍、刘备、孙权都有这个缺点，都是优柔寡断，而曹操则是多谋善断。我们做事情不要独断，要多谋；但多谋还要善断，不要多谋寡断，也不要多谋寡要；没有抓住要点，言不及义，这都不好。听了许多意见之后，要一下子抓住问题的要害。曹操批评袁绍，说他志大智小，色厉而内荏，就是说没有头脑。"② 战略是从全局、长远和大势上作出的决策和判断，需要抓住机遇，把握时机。

（二）战略工作方法

战略工作方法就是在战略认知的基础上，对战略问题的具体谋划和筹划，

---

① 洪兵：《东方战略学》，中国社会科学出版社 2012 年版，第 108 页。
② 吴冷西：《忆毛主席——我亲身经历的若干重大历史事件片断》，新华出版社 1995 年版，第 133 页。

体现了战略的方法论。战略工作方法，也就是战略制定的方法和步骤。安索夫在《新公司战略》中提出战略制定五步法：开展外部分析（机会和威胁）、进行内部分析（优势和劣势）、确定战略目标、制定战略举措、推动战略执行。约翰·布赖森提出战略规划的十个步骤："发起和达成战略规划过程的协议；确认组织的训令；阐明组织的使命和价值，评估内外环境以确定自身的优势、劣势、机会和威胁；确定组织面临的战略性问题；制定应对这些问题的战略；审查或采纳战略或战略规划；设立有效的组织愿景；发展一个有效的执行过程；战略及战略规划过程的再评估。"[①] 著名战略专家王志纲认为，战略制定可分为"预见—找魂—聚焦—协同"四个步骤[②]。实际上，战略工作的方法贯穿战略预见、战略定位、战略聚焦和战略协同全过程。

1. 战略预见

"先谋于局，后谋于略，略从局出。"战略的制定首先要从战略预见开始。战略预见是战略制定的起点。"关乎一个历史阶段的战略指导，必然包含预见与预置。没有超前预测和判断的研究，不是战略研究。"[③] 毛泽东同志在党的七大报告中专门阐述了领导和预见的关系，他说，"预见就是预先看到前途趋向。如果没有预见，叫不叫领导？我说不叫领导"，"坐在指挥台上，如果什么也看不见，就不能叫领导。坐在指挥台上，只看见地平线上已经出现的大量的普遍的东西，那是平平常常的，也不能算领导。只有当着还没有出现大量的明显的东西的时候，当桅杆顶刚刚露出的时候，就能看出这是要发展成为大量的普遍的东西，并能掌握住它，这才叫领导"，"没有预见就没有领导，没有领导就没有胜利。因此，可以说没有预见就没有一切"[④]。战略思维还要在战略预见的基础上进行战略预置，也就是根据

---

① 〔美〕约翰·布赖森：《公共与非营利组织战略规划：增强并保持组织成就的行动指南》，孙春霞译，北京大学出版社2010年版，第28页。
② 参见王志纲：《王志纲论战略》，机械工业出版社2021年版。
③ 李际均：《新版军事战略思维》，长征出版社2012年版，第24页。
④ 《毛泽东文集》第三卷，人民出版社1996年版，第394—396页。

战略预见所作出的超前配置。

战略预见包括科学的调查研究、敏锐的洞察力以及准确对标的综合能力。一是重视调查研究，走好群众路线。没有调查，就没有发言权，也没有决策权。理论再高深、思维方式再创新，都离不开调查研究这个基础。调查研究要走群众路线，"从群众中来，到群众中去"，到一线接地气，去发现真问题，正所谓"春江水暖鸭先知"。二是善于洞察趋势，发现关键变化。德鲁克曾指出：重要的不是趋势，而是趋势的转变。趋势的转变才是决定一个组织及其努力的成败关键。毛泽东同志的高瞻远瞩之处，就在于当历史趋势发展到转折点的时候，能够敏锐地觉察到这种转变，并针对一系列新情况新问题，能够提出恰当的方针政策。比如，抗日战争后期，毛泽东同志认识到东北的重要性，提出了经略东北的战略构想，并指出山东抗日根据地的重要战略枢纽地位。1945年，在党的七大中央委员的选举上，他提出要有东北的干部当选。解放战争初期，提出"向北发展，向南防御"的战略方针，先后把党的七大选出的4名中央政治局委员和20名中央委员、候补委员派往东北，并从各根据地抽调13万部队开赴东北，经过几年苦心经营，终于稳住东北局面并发展壮大起来①。三是善于对标，建立参照系。预见绝对的变化与绝对的趋势很简单，而预见相对的变化和相对的趋势才能找到机会点。"因此，成功的预见需要寻找参照系，大势把握离不开切片式分析。"② 在关于区域发展的战略中，可以参照世界领先发展城市；在项目中，可以参照成功的案例项目；在行业中，可以参照头部企业。

2. 战略定位

战略定位是战略思维创新性的体现。战略定位不是一蹴而就的事情，它是一个过程，领导者要不断追问和探索。著名管理学家德鲁克有一个"经典三问"，即：我们的业务是什么？我们的业务将来会是什么？我们的

---

① 参见雷亮、王磊：《论战略思维》，军事科学出版社2011年版。
② 王志纲：《王志纲论战略》，机械工业出版社2021年版，第174页。

业务应该是什么？这三问就是一个企业进行战略定位的思考过程。战略定位主要回答"我是谁""我从哪里来""我要到哪里去"，主要解决"举什么旗""走什么路"等战略决策最核心的问题。小到一个单位、大到一个城市或一个地区，有了正确的定位，才能以此作为战略推进的逻辑和起点，才能成为集中资源、整合力量、汇聚目标的战略"定海神针"。

毛泽东同志的《中国的红色政权为什么能够存在？》就是一篇经典的战略定位著作，文章科学回答了中国革命的道路问题，对中国革命的战略方向作出了正确的定位。他指出：在一个国家内部，处于白色政权的包围中，一小块或若干块红色政权之所以存在，是有其特殊原因的，必须具备五个方面的条件。这五个条件中，前两条强调特殊外部环境的重要性。这两个条件，第一个条件是中国共产党处在特殊的国情之中，这个国情就是中国是一个半殖民地半封建国家。其特征之一就是帝国主义国家对中国进行间接统治，通过寻找代理人，支持各派军阀相互间进行不断的战争。第二个条件是要有一定的群众基础，没有群众基础的地方是很难发展红色政权的。其他三个条件，在分析了红色政权存在的内在能力因素后，主要体现为以下三条：第一条就是要有地方民众政权存在，也就是有自己的根据地；第二条就是红军要有力量，要能保卫红色政权；第三条就是共产党的领导，共产党的政策和领导必须正确。正是在上述分析的基础上，形成了地缘政治战略，确立了"农村包围城市，武装夺取政权"的道路[1]。土地革命战争后期到抗日战争时期，毛泽东同志对党的历史经验教训进行了深刻的总结，写下《中国革命战争的战略问题》等一系列著作，深入系统地分析中国社会的性质和革命的特点，对中国共产党的正确定位进一步明确了方向。

《王志纲论战略》指出，判断一个战略定位的优劣，有如下标准：一是具有独特性。好的战略定位一般都具有唯一性、权威性和排他性。其中，

---

[1] 参见苗贵安：《延安时期中国共产党领导力研究》，人民出版社2022年版。

唯一性就是要实现差异化竞争，进行错位发展；权威性和排他性与具体策略、资源整合对象以及科学创新密切相关。二是基于自身优势。战略就是要实现把自身优势最大化的效果。要善于发掘自身核心优势，把长板做得更长，形成核心竞争力。三是做到高度、深度、广度和关联度四度协调的融合。

做好战略定位需要做到"四个认清"，即认清本质，找出真问题；认清主次，找出主要矛盾和次要矛盾；认清阶段，明确事物发展的时序，把握战略的节奏；认清关系，把握事物动态转换中的关联性[①]。

3. 战略聚焦

战略聚焦是战略思维务实性的体现。著名战略学家理查德·鲁梅尔特在《好战略，坏战略》中认为："战略的核心是聚焦，大多数综合性组织的资源都没有集中化利用。相反，它们同时追求很多目标，而不是将足够的资源集中到其中一个目标上来实现突破。"[②] 迈克尔·波特指出："战略就是制造竞争中的取舍效应，战略的本质是选择何者不可为。"[③] 真正的战略要能够根据自身能力和资源情况制定合适的战略目标。战略的本质不在战，而在略。真正的战略往往就是在可做、能做、该做和不做中的不断选择。好战略共同的特点就是聚焦关键要素。一般而言，我们手里的资源都是有限的，这就要求我们在找到战略的核心优势和战略方针后，将资源最大化地投入其中，突破阈值，实现质的变化。

"集中优势兵力，各个歼灭敌人"，是毛泽东同志战略战术中最根本的指导原则，也是毛泽东同志高超的政治智慧和领导艺术的体现。早在1928年，毛泽东同志就提出"集中红军相机应付当前之敌"。1946年9月16日，毛泽东同志在党内指示中指出："集中优势兵力，各个歼灭敌人的作战

[①] 参见王志纲：《王志纲论战略》，机械工业出版社2021年版。
[②] 〔美〕理查德·鲁梅尔特：《好战略，坏战略》，蒋宗强译，中信出版社2012年版，第187页。
[③] 〔美〕迈克尔·波特：《竞争论》，高登第、李明轩译，中信出版社2012年版，第51页。

方法，不但必须应用于战役的部署方面，而且必须应用于战术的部署方面。"① 他形象地说："几个大汉打一个大汉之容易打胜，这是常识中包含的真理。"② 集中优势兵力，关键是要集中兵力于主要作战方向、主要战役和主要进攻方向，不要平均使用兵力。当然，集中优势兵力要和最重要的事情结合起来，要善于集中优势兵力做最重要的事情。20 世纪 60 年代，毛泽东同志曾问身边的工作人员一个问题：兵强马壮的商纣王为什么迅速灭亡？大家的回答却抓不住问题的要害。毛泽东同志深思熟虑后说，商纣王之所以失败，是因为"四面出击"，分散兵力；周武王的成功则在于依靠集中兵力，"各个击破"。

以企业发展战略为例，战略聚焦就是要做到：第一，牵好产业"牛鼻子"，聚焦关键产业；第二，确定发展主航道，聚焦关键业务；第三，打磨战略产品，聚焦关键产品；第四，找准战略焦点，聚焦关键区域。以华为为例，华为的成功和任正非的卓越领导力密不可分。华为在全球 5G 技术开发领域能够处于领先地位，靠的就是聚焦。任正非曾说过，什么叫战略？就是能力要与目标匹配。其公司历经三十几年的战略假设就是依托全球化平台，聚焦一切力量，攻击一个"城墙口"，实施战略突破。

4. 战略协同

战略协同是战略思维整体性的体现。战略作为一整套计划，具有内在连贯性，从预见到定位，再到聚焦，只有实现了目标、选择和行动方案，通过各运作环节之间的协同，才能使上下一致地付诸行动。理查德·鲁梅尔特指出："战略的核心内容是分析当前形势、制定指导方针来应对重大困难，并采取一系列连贯性的活动。"③ 其中，一系列连贯性的活动意义十分重要，行动的协调性是战略最基本的影响力之源或优势之源。"战略的协

---

① 《毛泽东选集》第四卷，人民出版社 1991 年版，第 1197 页。
② 《毛泽东军事文集》第二卷，军事科学出版社、中央文献出版社 1993 年版，第 314 页。
③ 〔美〕理查德·鲁梅尔特：《好战略，坏战略》，蒋宗强译，中信出版社 2012 年版，第 93 页。

调性或连贯性不是某种特定的相互调整，而是由指导方针和规划方案给一个行为体系施加的连贯性。"① 这里的协调性和连贯性就是战略协同。战略协同，就是在一定规则的基础上，使分散的战术、要素等在整体战略的协同下形成有机组合的"连贯活动"，使要素之间产生化学反应，产生整体效应。

战略协同主要体现在以下方面：一是组织协同，整个组织各部门各层级之间有效协同。在战略执行过程中，不同主体之间的协同最为重要，包括组织内部流程的协同，总部与分部的协同等。二是生态协同，统筹外部合作利益关系，构建生态圈。尤其是在数字化时代的今天，要树立平台思维，实现各方的利益协同。"数字时代的管理者在思维升级的基础上，思考问题的视角从单个企业发展到整个生态体系的构建，综合考虑平台上的个体、团队、组织、企业和社会等各种利益群体的需要，协调各种因素，使所有群体在平台上的利益得到动态平衡。"② 三是资源协同，不求所有，但求所用。资源要素的协同，是战略实施的基本动作。卓越的领导者都是资源的整合者，著名企业家宁高宁说："是你来组织别人的资源达到自身发展的目的，还是你扮演一个被别人组织去达到别人目标的角色，可能是在传统管理能力之外的另外一种管理能力。"③ 通过协同，整合相关要素，同时改变要素间的相互关系，使之产生系统效应。

（三）战略领导方法

战略领导体现了战略思维的实践论。清华大学陈国权教授提出的"时空领导理论"，较好地诠释了战略领导的方法。该理论的核心观点认为，领导者实施组织战略时，要善于站在不同层次、维度和时间的变化上考虑组

---

① 〔美〕理查德·鲁梅尔特：《好战略，坏战略》，蒋宗强译，中信出版社2012年版，第108页。
② 忻榕、陈威如、侯正宇：《平台化管理》，机械工业出版社2019年版，第137页。
③ 宁高宁：《为什么：企业人思考笔记》，机械工业出版社2012年版，第79页。

织面临的问题和解决方案。不同层次是指既要着眼于宏观，又要着眼于微观；不同维度是指要根据情况改变维度；不同时间是指能够根据组织不同的情况作出有针对性的决定。战略领导方法具体表现为"六知"，即知微知彰、知柔知刚、知常知变①。

1. 知微知彰

知微知彰的意思是，领导者既要有宏观思维，也要有微观思维，也就是曾国藩所说的"大处着眼，小处着手"。领导的对象是组织系统，可以看成一个多层次的结构，表现为宏观和微观不同的层次。比如，个人、群体、组织、国家、社会等多个层次。

知微知彰要求领导者做到以下几点：一是层次兼顾。领导者既要重视宏观层次，又要重视微观层次，要能够两者兼顾。比如，毛泽东同志高超的领导艺术表现为，既重视宏观战略又重视微观战术，既重视整体战争又重视局部战役。他撰写的《论持久战》就是从宏观层次上对战争态势的分析，是战略问题上的宏观的、战略性的思维；他在长征途中指挥的四渡赤水战役就是从战役层面进行的谋划，是微观思维的具体表现。二是层次切换。领导者有时重点关注宏观层面，有时重点关注微观层面，且要善于在不同层面自如切换。诸葛亮的《隆中对》从战略层面分析天下形势，提出竞争发展的宏观战略；《出师表》从微观层面提出的治国理政方法，包括广纳各方谏言、赏罚分明和亲贤臣远小人。三是层次转换。领导者有时让宏观层次影响和推动微观层次，有时让微观层次影响和推动宏观层次，发挥组织各个层次之间的良性促进和转换作用。

2. 知柔知刚

从构成要素来看，组织还是一个多维度的结构系统。可以分为相对无形的软实力维度和相对有形的硬实力维度。其中软实力维度又称方法的维

---

① 参见陈国权：《领导和管理的时空理论》，清华大学出版社2022年版。

度，主要包括目标和方法、利益和权力、信仰和价值观等柔的要素；硬实力维度又称资源的维度，主要包括人力资源、财力资源和物力资源等硬的要素。软实力就是柔，硬实力就是刚，领导者要做到知柔知刚。

知柔知刚要求领导者遵循以下原则：维度兼顾原则，领导者既要重视软实力维度，又要重视硬实力维度；维度切换原则，领导者应根据实际情况，在软实力和硬实力建设之间自如切换，有时候重视软实力维度，有时候重视硬实力维度；维度转化原则，领导者应善于根据实际情况，在有些情况下将软实力转化为硬实力，在有些情况下将硬实力转化为软实力。

3. 知常知变

随着时间的推移，组织的内部情况和外部环境都会发生动态变化，有些变化是可以预测的和具有确定性的，有些变化是不可预测的和具有不确定性的，比如会出现"黑天鹅"现象。从内部情况来看，组织会在不同层次和维度上发生变化，在层次方面体现为个体、群体和组织等层次上的变化，在维度方面体现为硬实力和软实力的变化；从外部环境来看，组织面临的经济、政治、社会、文化、科技和生态等因素会不断发生变化。领导者应善于根据不同类型的变化，采取灵活的应对策略，做到知常知变。

知常知变要求领导者在面临可预测和确定性的变化时，能够通过学习来应对，包括通过内部式学习（从自身的经验中学习）和外部式学习（从自身之外的经验中学习），利用已有的知识和经验，解决遇到的问题，使组织顺应规律成长壮大。内部式学习可以通过复盘完成；外部式学习则需要树立学习标杆，找准参照系。领导者在面临不可预测的和不确定性的变化时，需要通过创新应对。创新包括通过发挥想象力和创造力、开展实验性和探索性的活动来应对挑战和机会，使组织获得新生并得到更大的发展。在发挥想象力和创造力方面，领导者需要运用发散思维、类比思维、逆向思维和辩证思维等方式，与不同经验、背景、经历的人进行交流互动，以便得到全新的想法、主意和思路。在开展实验性和探索性的活动方面,领导者需要在某个局部点上将创新的想法付诸实践、观察效果,再进一步扩大范围,在更多局部点上进行试验。

四、加强战略思维训练

领导者的战略思维能力,是一项科学的领导方法和领导艺术,更是领导干部必备的素质和能力。要想拥有高质量的战略思维,必须注意平时的战略思维能力训练。加强战略思维能力的训练,可通过以下途径实现。

(一)提高理论思维能力

从领导特质的视角来看,领导者需要具备技术技能、人际技能和概念技能三种特质。其中,概念技能是指一种理性思维的能力,越是高层的领导越需要概念技能,其最高层次表现就是哲学思维的能力。哲学问题是世界观、认识论和方法论的问题。如果一个人没有正确的思维方法,就不可能作出正确的决策。战略思维受哲学素养左右,每种战略思维背后都有一种哲学基础。钮先钟认为,研究战略可分为历史的境界、科学的境界、艺术的境界和哲学的境界。战略学家在其治学过程中对于这四种途径通常都采用,并且也形成四个连续的阶段,而越是后来的阶段也就越难达到。但又必须经过这四个阶段,然后才能成为真正伟大的战略家[1]。著名军事战略专家李际均指出:"戴高乐说,在亚历山大的行动里,我们能够发现亚里士多德。同样,我们在拿破仑的行动里可以发现卢梭和狄德罗的哲学,在希特勒的行动里可以发现尼采和特莱奇克的哲学。在东条英机的行动里可以发现福泽谕吉和神道教。"[2] 在战略思维中,运用知识的方法有时比起临时

---

[1] 参见钮先钟:《孙子三论:从古兵法到新战略》,文汇出版社2016年版。
[2] 李际均:《新版军事战略思维》,长征出版社2012年版,第12页。

提高战略思维能力

汲取知识更有作用，这种运用知识的方法就是思维方式。

加强哲学素养，尤其是加强马克思主义哲学素养，是提高战略思维能力的一条重要途径。毛泽东同志是伟大的战略家，他的战略思维和战略决策能力，首先源于自身深厚的哲学素养。延安时期，毛泽东同志刻苦研读哲学书籍，看了很多哲学方面的著作。埃德加·斯诺回忆："毛泽东是个认真研究哲学的人。我有一阵子每天晚上都去见他，向他采访共产党的历史，有一次一个客人带了几本哲学新书来给他，于是毛泽东就要求我改日再谈。他花了三四夜的工夫专心读了这些书，在这期间，他似乎是什么都不管了。"① 延安时期毛泽东同志曾倡议成立延安新哲学会，会务工作由艾思奇和何思敬主持。毛泽东同志不仅努力学习哲学，还创造性地写下了一些光辉的哲学著作。新中国成立后，陈云同志不止一次谈到毛泽东同志重视学习哲学的事情，并倡导要向毛泽东同志学习。陈云同志在谈到对起草《关于建国以来党的若干历史问题的决议》的几点意见时说："延安整风时期，毛泽东同志提倡学马列著作，特别是学哲学，对于全党的思想提高、认识统一，起了很大的作用。毛泽东同志亲自给我讲过三次要学哲学。在延安的时候，有一段我身体不大好，把毛泽东同志的主要著作和他起草的重要电报认真读了一遍，受益很大。我由此深刻地领会到，工作要做好，一定要实事求是。"② 习近平同志指出，学好马克思主义哲学，把我们的思想方法搞正确，增加我们工作中的科学性和全面性，才能不断开创各项工作的新局面。当前，要提升思维能力，首先就是要把习近平新时代中国特色社会主义思想的世界观、方法论和贯穿其中的立场观点方法转化为自己的科学思想方法，作为研究问题、解决问题的总钥匙。

---

① 〔美〕埃德加·斯诺：《西行漫记》，董乐山译，生活·读书·新知三联书店1979年版，第67页。

② 《陈云文选》第三卷，人民出版社1995年版，第285页。

(二) 构建复合型知识体系

思维是对知识的采集和运用，知识结构是思维方式得以建构的前提和基础。对战略思维来说，领导者的知识结构决定着思维的方式，限制着思维的空间，影响着思维能力的强弱。在战略领域，通常通才比专才更为可取。著名战略研究专家柯林斯指出："科学家是沿着相当狭隘的途径探索知识领域的，战略家则不然，他们需要有尽可能广泛的基础知识。"所以，战略领导者要拓宽知识面，经常学习政治、经济、历史、科技等各领域知识，不断构建自己复合型知识体系。当然，掌握各个学科的知识，尤其是要善于掌握各学科知识的思维模型，这是因为"思维模型是你大脑作决策的工具箱，你的工具箱越多，你就越容易作出最正确的决策"[1]。因此，要主动建立结构性思维。结构性思维是一种跨学科的、多维度的思维。[2] 要建立结构性思维，第一个要求是知识面要广，太"专"的专家无法担负起解决复杂问题的主导责任；第二个要求是在学习每一门科目过程中，取其精华、去其糟粕；第三个要求是建立"超级结构"，把所有知识点都联结起来。一旦建立起"超级结构"，就需要时刻拿来应用。遇到任何挑战，都应该把"超级结构"拿出来过一遍。

(三) 增强实践的磨炼

实践出真知。增强实践经验，可以通过对战略问题的研讨、战略模拟训练和战略实践锻炼等方式不断提高自己。战略推演就是战略模拟训练的一种方式，作为一种演绎推理的博弈仿真手段，经过长期发展演进，已经形成一套较为成熟的战略研究方法。"推演是一项聚焦高级战略研究活动的系统工程，具有沉浸式博弈互动、全进程信息控制、全过程复盘分析等主

---

[1] 〔美〕彼得·考夫曼编：《穷查理宝典》，李继宏等译，中信出版社2021年版，第27页。
[2] 参见刘劲：《结构性思维》，浙江大学出版社2023年版。

要特点。推演的全流程一般分为推演设计与情景想定、实施推演、开展复盘、形成报告等阶段。"[1] 就广大领导干部来说，提高战略思维能力的主要课堂在实际工作中，只有着眼于研究解决实际工作中的问题，才能真正达到培养和建立战略思维能力的最终目的。既往的实践活动为战略思维主体提供了知识和经验，现实的实践活动则是战略思维的活教材和最好的老师。特别是在具体的决策过程中，要善于从战略层面上考量，要有战略眼光，对国之大者心中有数。一般来说，思维主体拥有的实践经验越丰富、越全面、越深刻，就越有利于决策质量的提高。

---

[1] 杨霄：《推演》，机械工业出版社 2020 年版，第 165 页。

提高历史思维能力

提高历史思维能力

党的十八大以来，习近平总书记在治国理政的实践中，高度重视领导干部历史思维能力的培养和提高。2019年1月21日，习近平总书记在省部级主要领导干部坚持底线思维着力防范化解重大风险专题研讨班开班式上强调指出，要提高战略思维、历史思维、辩证思维、创新思维、法治思维、底线思维能力。在这里，历史思维仅次于战略思维被排在第二位。2020年2月20日，在党史学习教育动员大会上，习近平总书记要求党员干部要树立大历史观，从历史长河、时代大潮、全球风云中分析演变机理、探究历史规律，提出因应的战略策略，增强工作的系统性、预见性、创造性。2021年在庆祝中国共产党成立100周年大会上，习近平总书记指出，要用历史映照现实、远观未来，从中国共产党的百年奋斗中看清楚过去我们为什么能够成功、弄明白未来我们怎样才能继续成功，从而在新的征程上更加坚定、更加自觉地牢记初心使命、开创美好未来。并在九个方面提出了"以史为鉴，开创未来"的具体要求。2022年10月在党的二十大报告中，习近平总书记指出：我们要善于通过历史看现实、透过现象看本质，把握好全局和局部、当前和长远、宏观和微观、主要矛盾和次要矛盾、特殊和一般的关系，不断提高战略思维、历史思维、辩证思维、系统思维、创新思维、法治思维、底线思维能力，为前瞻性思考、全局性谋划、整体性推进党和国家各项事业提供科学思想方法。

其实，我国自古就有学史、治史、用史的优良传统。早在战国时期，在纵横家经典著作《鬼谷子》中就有"度之往事，验之来事，参之平素，可则决之"的说法。这里，"往事"指过去的事情，也就是历史，"来事"指未来的事，"平素"指当下的事，意思是说审视过去、现在和将来，就能作出决定。近代著名国学大师梁启超也曾指出："中国于各种学问中，惟史学为最发达；史学在世界各国中，惟中国为最发达。"但中国人不是将历史视作与现实无关的陈年旧事，而是注重从历史的兴衰成败中把握发展规律，从中汲取治国安邦、经略世事的政治智慧。从总体上看，每当天下大乱、生灵涂炭时，中国人总能依靠对历史大势的把握，最终走出现实的苦厄；而当天下太平、百业兴旺时，又不忘提倡忧患意识，珍视安宁生活并求得长治久安。这体现的就是历史思维的积极意义。

那么，历史思维是一种什么样的思维？习近平总书记为什么如此重视并反复强调领导干部要形成历史思维，提高历史思维能力？它对于领导干部而言具有什么样的重要性？怎样才能形成历史思维习惯，提高历史思维能力？针对这几个问题，本书主要从三个方面进行分析。

一、历史思维的科学内涵

所谓历史思维，简单来讲，就是考虑事情、问题的时候，具有观过去、评当下、测未来的思维。《论语·为政》中有这样一段话，子张问："十世可知也？"子曰："殷因于夏礼，所损益，可知也；周因于殷礼，所损益，可知也。其或继周者，虽百世，可知也。"为什么"虽百世，可知也"？因为，未来就在历史里，我们社会上每天发生的事情，历史上都发生过千百次，所以了解历史，就能预知未来。我们经常说，"以史为鉴，可以知兴替"，也是这个道理。对于如何理解历史思维的科学内涵问题，从以下三个方面进行阐释。

（一）历史思维是一种长时段思维

历史不是由简单的历史事件机械组成的，它如同一条奔流不息的长河，其间既有漩涡，也有曲折，只有登高望远，把研究对象置于较长的历史时段进行考察分析，才能把握历史规律和时代大势，而不能局限于一时一事，根据个别时段的历史现象轻率作出历史结论。

比如，对于"中国特色社会主义文化"的认识，习近平总书记就给出了科学的论断。他在党的十九大报告中指出：中国特色社会主义文化，源自于中华民族五千多年文明历史所孕育的中华优秀传统文化，熔铸于党领导人民在革命、建设、改革中创造的革命文化和社会主义先进文化，植根于中国特色社会主义伟大实践。这是从中国特色社会主义文化的源头，从各个历史时期、不同发展阶段相互比较又相互联系的过程中总结出来的，体现了长时段的历史思维。2021年7月，在庆祝中国共产党成立100周年大会上的讲话中，习近平总书记提出要把中国特色社会主义放到中华民族5000多年文明史、世界社会主义500多年探索史、中国人民近代以来170多年斗争史、中国共产党领导中国人民100多年奋斗史、党执政70多年的治国理政史、改革开放40多年的发展史中考察，这也是长时段的思维方式，使我们对中国特色社会主义从哪里来、现在到了哪里、将来要到哪里去等一些关键问题有了更为深刻和清醒的认识。

又如，生态文明建设。近些年来，在生态文明建设方面，我们做了一些短时期内看"得不偿失"的工作，如提出力争2030年前实现碳达峰，2060年前实现碳中和的目标，这是我们主动作出的战略决策。从短时期来看，这一决策肯定会影响到企业的经济效益，不得不将减排的各种成本内在化，这就会造成收入和利润的下降，甚至会面临亏损和倒闭。2021年英国一个石油公司的首席经济学家戴思攀指出，减碳成本为1400美元/吨，即减排一吨二氧化碳，需要付出1400美元的代价，可以说成本非常高。当然，也会在一定时期、一定阶段影响经济发展速度。但从长远来看，这是关系中华民族甚至全世界永续发展的一项战略举措。事实上，我们采取的一些减排举措已经取得了明显效果。因此，对围绕生态文明建设推出的一些举措，如果我们从长时段来看，就会发现是非常正确的。

另外，在人类历史上，大国兴衰是一个屡见不鲜的历史现象。近代以来，世界范围内先后有葡萄牙、西班牙、荷兰、英国、法国、德国、美国等大国相继崛起，其中一些国家又相继衰落。这些国家为何崛起？又为何衰落？其中的经验和教训是什么？我们应该从大国兴衰中学习什么？比如，怎么看待日本这个国家。日本在明治维新前和我们一样，是一个半殖民地半封建的国家，但它借助明治维新迅速发展成为亚洲头号资本主义强国，这对于日本而言，本来是一件改变国运的大好事。然而，此后它却走上了对外侵略扩张的道路，最终也尝到了恶果。我们为什么要走和平发展道路的中国式现代化？一方面与中华文明具有和平性这一特点有关，另一方面也与吸取了近代以来一些国家因掠夺、殖民、侵略而给本国人民和世界人民带来巨大灾难的教训有很大关系。这些认识只有运用长时段思维才能看出来，如果用短时段的思维看，恐怕就会茫然无知，可能还会因一时得利而沾沾自喜。

还有，很多人喜欢拿中国和西方发达国家比较，认为我们很多方面都比其他国家差，但是，新中国成立才70多年，改革开放40多年。回顾世界上很多发达国家的历史，像荷兰在17世纪就发展成为航海和贸易强国，它的商船数目在当时超过欧洲其他所有国家的总和，被誉为"海上马车夫"，它从400多年前就已经开始了资本积累的过程。英国在1600年就成立了"不列颠东印度公司"，致力于亚洲贸易的争夺，18世纪60年代世界第一次工业革命首先从英国发起，到1840年它的工业生产总值已占到世界工业总产值的51%[1]，一半还多，到现在也已有了400年左右的历史。美国在1776年发表《独立宣言》宣布独立，到1783年被英国承认是一个独立的国家，自此开始发展起来。在经济运行上，它沿用了英国的自由主义经济模式，从欧洲搬来了金融和财政制度，并开始工业革命。1894年，美国的工业总产值已跃居世界各国之首，成为世界第一经济强国[2]。德国在1871年通过对外战争完成了统一，从而为现代化快速发展创造了有利的政治和外交条件，到1913年，德国的钢铁、煤炭、电力、机械和化工行业均

---

[1] 参见钱乘旦主编：《世界现代化历程（总论卷）》，江苏人民出版社2012年版。
[2] 参见李剑鸣策划：《世界现代化历程（北美卷）》，江苏人民出版社2010年版。

远超欧洲其他国家，成为欧洲第一工业化强国，在世界上仅次于美国[1]。这些国家都已经有了几百年的积累和沉淀。很多人拿中国的各个方面和他们比较，认为我们很多地方比他们差，却没有注意到他们已经发展了几百年，而我们才起步几十年。其实，放在历史的长时段中去看，我们就会惊讶于中华民族在短短几十年奋斗中取得的巨大成就，1978年我们刚刚实行改革开放时，中国的GDP占世界的1.8%，到2022年，中国GDP总量达到约18万亿美元，占世界GDP总量的16%左右[2]，40多年的时间，我国GDP占世界的比重提升了将近10倍。当然，我们不是不承认差距，也不是不正视自身的不足，我们在医疗、教育、养老等方面都还有很长的路要走，但是忽略历史发展进程和时间积淀，简单地将中国和西方发达国家进行比较，从而认为我们不行、我们落后，并不是一种正确的思维方式。

（二）历史思维是一种整体性思维

对于整体性思维的重要性，列宁曾指出："如果不是从整体上、不是从联系中去掌握事实，如果事实是零碎的和随意挑出来的，那么它们就只能是一种儿戏，或者连儿戏也不如。"[3] 所谓整体性思维，就是把事物作为一个整体来看待的思维视角和方式，要求对事物的各个细节有全局性、系统性的把握，它关注的是事物和所在环境的统一。整体性思维实际上指的是认识和实践中的全局观。

北宋著名的政治家范仲淹，在审核地方官吏时，每见德才有亏、名声不佳者，就坚决勾除，不再任用。有的同僚觉得他不近人情，说您这一笔勾画容易，但被罢免的人势必难过，恐怕全家都要哭了。范仲淹回答说，一家人哭，总比最终一路人哭好。"路"是宋元时期的行政区划，大体相当

---

[1] 参见钱乘旦主编：《世界现代化历程（总论卷）》，江苏人民出版社2012年版。

[2] 参见张建平、沈博：《改革开放40年中国经济发展成就及其对世界的影响》，http://theory.people.com.cn/n1/2018/0515/c40531-29991327.html。

[3] 《列宁全集》第二十八卷，人民出版社1990年版，第364页。

提高科学思维能力

于现在的"省"。这里的"一路人"是整体,"一家人"只是局部。在这里,范仲淹运用了整体性的思维方式。

新中国成立初期,我们党对上海的治理就体现了整体性的思维方式。上海是中国非常重要的一个城市,为了不让新生的人民政权顺利接收上海,国民党制造了很多麻烦。在上海解放前,金融投机商就扬言:解放军进得了上海,人民币进不了上海!上海解放后,投机资本家又趁机囤积粮食、面纱和煤炭,掀起涨价风潮,国民党特务则叫嚣,只要控制了"两白(米、棉纱)一黑(煤炭)",就能置上海于死地。面对艰巨性"不下于淮海战役"的严峻形势,党中央提出了"公私兼顾、劳资两利、城乡互助、内外交流"的"四面八方"经济方针。"四面"就是公私关系、劳资关系、城乡关系、内外关系,"八方"就是公私关系的公私两方、劳资关系的劳资两方、城乡关系的城乡两方、内外关系的内外两方。这些内容是一个有机整体,包含经济关系、政治关系、城乡关系、内外关系,以及生产、生活、流通等多层面的内容,体现了我们党治理经济的整体性思维,在整治经济秩序、化解各种经济矛盾、恢复和发展生产、消除经济领域中的各种危机上,发挥了重要作用。比如,在"公私兼顾、劳资两利"方面,国营商业公司积极扩大对私营工厂的加工订货,很多私营工厂在接受国家加工订货任务和原料配给后,纷纷恢复和扩大生产,产量逐月递增。在张俊杰主编的《上海商业:1949—1989》中提到,1950 年下半年与 1949 年同期相比,私营棉纺、织染工业为国营华纱布公司代纺棉纱数量增加 17 倍以上,代织棉布增加 8 倍多,代织棉布增加近 3 倍。他们能够生产,能够扩大经营了,对我们党的感情自然而然就会加深了。可以想象一下,如果没有整体性思维,仅仅"头痛医头,脚痛医脚",则很难处理好各方关系,也很难调动各方积极性,使上海局势很快稳定下来。

美国的基辛格曾多次参与中美之间的外交谈判。2014 年他在中国出版了一本书,叫《论中国》。在这本书中,他曾提到在 1972 年建交谈判中中美表现出来的思维方式的不同,"中国愿意把谈判视为是整体的、多方因素相互交错、联系的,对于谈判过程中出现的僵局也能正确看待。美国外交政策一般来说愿谈细节,不愿泛泛而谈,愿谈实际内容,不愿谈抽象概念"。基辛格的这种认识应该说是比较准确的。中国文化讲究"万物一体,天人合一",讲究"大一统",把天、地、人看作统一的整体。西方人更讲究实证思维,是就是是,非就是非,要将事物彻底分辨清楚。

历史是从昨天走到今天再走向明天,历史的联系是不可能割断的,人们总是在继承前人的基础上向前发展的。因此,历史不能随意选择和切割,要注重历史的整体性、全面性和连续性。比如,在如何正确认识和对待改革开放前后两个历史时期的关联性问题上,习近平总书记就指出:"我们党领导人民进行社会主义建设,有改革开放前和改革开放后两个历史时期,这是两个相互联系又有重大区别的时期,但本质上都是我们党领导人民进行社会主义建设的实践探索。"① 这是把两个历史时期作为一个整体看待得出的科学认识。两个历史时期虽然在指导思想、方针政策、实际工作上有很大差别,但不是彼此割裂的,更不是根本对立的。又如,我们党提出统筹推进"五位一体"总体布局,这也是整体性思维的体现。"五位一体"总体布局涉及生产力和生产关系、经济基础和上层建筑,涉及党和国家工作全局,涉及各个领域、各个方面,需要把各方面联系起来作为一个整体进行统筹谋划。

(三)历史思维是一种过程思维

古希腊流传着这样一个神话故事,大家也应该听说过。斯芬克斯是一个人面狮身的怪兽,她每天坐在特拜城附近的悬崖上,向过路人提出一个谜语:"什么东西早晨四条腿,中午两条腿,晚上三条腿?"如果路人猜错,

---

① 《习近平著作选读》第一卷,人民出版社2023年版,第78页。

就会被杀死。后来,俄狄浦斯猜中了,谜底是人,斯芬克斯羞愧跳崖而死。俄狄浦斯是怎么猜中谜语的呢?就在于他把人的幼年、壮年和老年三个不同阶段作为一个过程来看待。这就是过程思维。所谓过程思维,就是注重事物本身的来龙去脉,在历史前进的逻辑中把握现实,在时代发展的潮流中把握规律。历史就是过程。过程就有开始、现状和未来。这要求我们把历史事件和历史人物放在连续的、动态的链条中去思考和认识,不能割断历史,把新旧、古今、中外对立起来,不承认过渡,不承认联系。

在中国的史学研究中,"通古今之变"就是一种过程思维,就是把历史盛衰作为一个过程来把握,强调要从终始完整的过程中认识历史、把握历史。比如,司马迁在《太史公自序》中指出,他著史是为了"网罗天下放失旧闻,王迹所兴,原始察终,见盛观衰"(网罗搜集天下散失的旧闻,对帝王兴起的事迹溯源探终,既要看到它的兴盛,也要看到它的衰亡);在《报任少卿书》一文中,他进一步指出,自己发愤修史的目的,在于"网罗天下放失旧闻,略考其行事,综其终始,稽其成败兴坏之纪"(收集天下散失的传闻,粗略考订其真实性,综述其事实本末,推究其成败盛衰的道理)。这就是说,要从整个历史过程中去认识历史的本质,如果仅从片段、局部或某个方面着眼,就很难找到造成盛衰的真正原因,很难对历史事件、历史人物作出恰当评价。例如,对于秦始皇,不少人不能对他作出公正的评价,究其原因,用司马迁的话说,就是"学者牵于所闻,见秦在帝位日浅,不察其终始,因举而笑之,不敢道,此与以耳食无异"(学者拘泥于自己的见闻,看到秦朝统治的时间短暂,不去考察它的历史就指责它讥笑它,这没有什么好称道的,和用耳朵吃东西没有什么区别)。"不察其终始""因举而笑之",就是缺少过程思维的表现。

习近平总书记在谈到我们党的历史时也运用了过程思维这一方式。他多次指出:我们党领导的革命、建设、改革伟大实践,是一个接续奋斗的历史过程,是一项救国、兴国、强国,进而实现中华民族伟大复兴的完整事业。他认为"历史、现实、未来是相通的",要求我们要从党的百年奋斗中看清楚过去我们为什么能够成功、弄明白未来我们怎样才能继续成功,等等,这都体现了历史思维是一种过程思维的特点。

二、历史思维的重要价值

习近平总书记多次强调领导干部要养成历史思维,要提高历史思维能力。这显然是因为历史思维具有极为重要的价值意义。对于这个问题,可以从过去、现实和未来三个维度进行理解。

(一) 从过去看,运用历史思维保证了党的不断发展壮大

习近平总书记指出:"我们党在领导革命、建设、改革的进程中,一贯重视学习和总结历史,一贯重视借鉴和运用历史经验。"[①]

"欲知大道,必先为史。"中华民族是一个最为看重历史的民族。从公元前841年开始,中国人有文字的历史记载就没有中断过,几千年的文明史能被历代官书司乘记载下来,一脉相承而不中断缺失,这是世界独一无二的民族文化奇迹。而且,中国人从记载历史开始,就十分重视以史为鉴,以回顾历史为指导,评判并规划现实。我们经常说"前车之覆,后车之鉴",古人也常说"见已生者慎将生,恶其迹者须避之"(见到已发生的事情,应警惕还将发生类似的事情;厌恶此人做过的种种劣迹,发现苗头不对,应该立即回避)。《三国志》中有"明镜所以照形,古事所以知今"(拿历史当镜子,才能认清当下,明晰未来),唐太宗李世民有"以史为镜,可以知兴替"的感叹,明末清初思想家王夫之也说:"所贵乎史者,述往以为来者师也。"(对于历史来说,最有价值的是记述过去的事,作为人

[①] 《牢记历史经验历史教训历史警示 为国家治理能力现代化提供有益借鉴》,《人民日报》2014年10月14日。

们将来效法的准则）这都是说要注意吸取前人的经验教训，认真谨慎地作出重大决策。

我们党作为马克思主义政党，继承了中华民族重视历史、研究历史、借鉴历史的优良传统。我们党通过的三个历史决议，每一个都是着眼于总结党的经验教训的。我们一些党的领导人更是善于运用历史思维推动工作。毛泽东同志就曾指出，如果要看前途，一定要看历史，他特别强调要贯通古今。他指出，"古人讲过：'人不通古今，马牛而襟裾'，就是说：人不知道古今，等于牛马穿了衣裳一样……我们单通现在是不够的，还须通过去。延安的人要通古今，全国的人要通古今，全世界的人也要通古今，尤其是我们共产党员，要知道更多的古今。"在推动工作中，他也非常善于运用历史思维。比如，1939年9月16日，毛泽东同志在答三记者问时，用了东汉朱浮写给彭宠的一封信中的两句话："凡举事无为亲厚者所痛，而为见仇者所快"，批评蒋介石对中国共产党搞限制"异党""异军"等有利于日本帝国主义和汉奸而不利于抗战的反动行径，可以说是一针见血，切中要害。1942年12月，他在《经济问题与财政问题》一文中，批评有些部队、机关、学校负责行政指挥责任的同志不大去管生产活动，指出他们"中了董仲舒们所谓'正其谊不谋其利，明其道不计其功'（出自《汉书》）这些唯心的骗人的腐话之毒，还没有去掉得干净"。在1945年中国共产党第七次全国代表大会闭幕词里，他用"愚公移山"这个古老的寓言，激励中国人民把反帝反封建的民主革命进行到最后胜利。毛泽东同志还多次讲过卞和献璞的故事，说楚国有个人叫卞和，得到一块很好的玉石，献给楚王，楚王说他骗人，把他的左脚砍掉了。第二次又献上去，还说他骗人，把他的右脚砍掉了。但卞和坚信自己献的是好玉，第三次再献上去，被证明确实是块好玉，才取得了楚王的信任。毛泽东同志讲这个故事说明，要使人们相信真理，抛弃偏见，不是一件简单的事，为此甚至还要做出某种牺牲。邓小平同志把"小康"这个古代用语移植于现代社会，并赋予新的含义和内容，这都是运用历史思维推动中国革命、建设和改革取得成功的重要体现。

习近平总书记更是善于把历史中的智慧运用到治国理政的具体实践中。比如，他经常引用《贞观政要·政体》中"政之所兴在顺民心，政之所废在逆民心"的说法，指出政权的兴废，最终的决定因素在于人民，人民是历史的创造者，要求党员干部始终把人民利益放在首位，坚持人民至上的执政理念。他还多次强调，党员领导干部要坚定四个自信，坚持党的基本路线不动摇，不断把中国特色社会主义伟大事业推向前进。2023年6月2日，习近平总书记在文化传承发展座谈会上指出："深厚的家国情怀与深沉的历史意识，为中华民族打下了维护大一统的人心根基，成为中华民族历经千难万险而不断复兴的精神支撑。""历史正反两方面的经验表明，'两个结合'是我们取得成功的最大法宝。"这都是运用历史思维得出的正确结论。

有学者也曾以"中国最牛创业团队"比喻中国共产党从创立到发展的历程，可以说是非常恰当的。试想一下，中国共产党诞生前后两个100年中华民族发生的巨大变化，从1921年往前推100年，是中华民族从"康乾盛世"的余晖里走向衰落，无数仁人志士寻求中国现代化之路，但未能成功的100年；从1921年往后推100年，是中华民族实现从站起来到富起来再到强起来的伟大飞跃，中华民族伟大复兴展现出光明前景，中国日益走近世界舞台中央的100年。因此，我们有什么理由不自信呢？有了经过历史思维形成的这种自信后，我们就更能从容应对各种风险挑战，更好地推动各项事业发展前进。

（二）从现实看，运用历史思维很多问题才能看得深、把得准

历史是过去的事情，我们今天关心这些"往事"，当然不是为了以历史故事为谈资，或者"事后诸葛亮"地评判古人得失如何，而是为了观照当

提高科学思维能力

下，为解决现实问题提供思路借鉴。

比如，近来在一些重要的国际场合中，印度显露出修改"国名"的明显倾向。2023年9月9日G20峰会在印度新德里开幕，印度总理莫迪当天在峰会上发表演讲时，其身前桌签上的国家英文名写着"BHARAT"（译为"婆罗多"或"巴拉特"），而不是"INDIA"。新德里电视台称，这一细节传达出一个有关印度更改国名的"强烈信号"。乍一看，大家会觉得莫名其妙，好好的改什么名啊？但如果考察一下印度的历史，就会知道印度为什么想改国名。印度历史上曾经诞生过辉煌的文明，"巴拉特"一词，在古印度的梵文里是"追寻知识和光明的人"，被认为具有浓厚的民族主义色彩。所以把"印度"改为"巴拉特"，表面上看是改国名，本质上是印度将国家名称与印度古代历史和传统联系起来，追求成为"大国"的行为。只有运用历史思维，才能对这样一件时事政治事件有更加深入和科学的认识。

当今世界正经历百年未有之大变局，中国也进入了实现中华民族伟大复兴的关键时刻，形势环境变化之快、改革发展稳定任务之重、矛盾风险挑战之多，可以说是前所未有的，考验着我们党治国理政的能力和水平。但是，天下没有多少历史上没有发生过的事情，没有多少新鲜事，运用历史思维，我们可以正确地认识和分析这些问题，可以把握住这些问题的本质和内在逻辑。

例如，在国际方面，近年来，我国面临的一个最为棘手的问题就是中美博弈问题。2018年，特朗普政府不顾中方劝阻，执意对中国提起贸易摩擦，现在已经从贸易领域延伸至金融领域、科技领域甚至军事领域了。面对影响我们中华民族前途命运的中美博弈，我们运用历史思维可以得出什么认识呢？新中国成立初期，美国等西方资本主义国家对我们进行了长达20多年的封锁。1951年5月，美国操纵联合国大会通过了所谓的《实施对中国禁运的决议》，对中国实行全面封锁和禁运，参加禁运的国家有40余个，禁运品种1700多种。面对这一形势，中共中央作出了"帝国主义之间有矛盾,可以加以利用。各国商人要赚钱,即使你不做生意,他还要做生意"的基本判断,采用了利用矛盾、重点突破、以民促官、以货易货等策略,有效化解了西方禁运带来的各种风险。比如,在利用矛盾方面,首先利用资本主义阵营与社会主义阵营的矛盾,使我国工业生产需要的钢铁、有色金属、电工电讯器材、精密仪器等从苏联及其他民主国家进口,从而顶住了西方封锁造成的严重困难。同时,我们也利用了资本主义国家内部的矛盾实施重点突破。当时,英国在美国的盟国中占有重要地位,但在对华贸易问题上,双方的利益存在明显差异,英国在中国有更多投资。针对这种情况,我国于1954年4月借出席日内瓦会议之机,主动同英国与会人士商谈建立贸易关系问题,并在会后向英国派遣贸易代表团,这也是新中国成立后派往西欧的第一个官方代表团。在中英贸易实现突破后,日本国内也要求放宽对中国的封锁禁运、扩大中日贸易。针对这一情况,我国通过莫斯科国际会议平台,与日本商议进行贸易问题。在经济利益的驱动下,日本政府开始对华部分商品解除禁运。这就告诉我们,必须以务实灵活的态度,深入了解和利用好国际规则,善于利用各种矛盾,有效应对外部不确定因素和突发事件的消极印象。

从国内来看,中国改革开放已经进入了深水区,一些制约发展的因素进一步凸显。如何破解这些问题,打开新的局面?可以看看历史上有没有类似的实践,可以看看古人是怎么做的,这会有助于我们更好地把握当下。习近平总书记提出的"一带一路"倡议,实际上就是运用历史思维破解制约我们当下发展的一个重要举措。2013年9月和10月,习近平总书记在出访中亚和东南亚国家期间,先后提出共建"丝绸之路经济带"和"21世纪海上丝绸之路"的构想,这是依赖古代"丝绸之路"经济、人文、商贸的千年传承,并赋予其新的合作意义后而提出的,是新形势下历史和现实相结合的再创造,追求的是百花齐放的大利,不是一枝独秀的小利,既着眼于中国全方位对外开放、着眼于世界经济联动发展,又致力于同相关国家分享发展机遇、实现共同繁荣，有助于推动解决当前世界发展难题，是一个促进全球发展合作的中国方案。因此，也得到了很多国家的响应。所以，历史思维是一种很管用的思维，可以帮助我们更好地认识、解决很多现实问题。

（三）从未来看，运用历史思维才能更好地掌握历史主动推进中华民族伟大复兴

党的二十大报告指出，在新时代新征程上，中国共产党的中心任务就是团结带领全国各族人民全面建成社会主义现代化强国、实现第二个百年奋斗目标，以中国式现代化全面推进中华民族伟大复兴。中国式现代化为全面建成社会主义现代化强国、实现中华民族伟大复兴指明了一条康庄大道。但是，康庄大道并不等于一马平川，要把中国式现代化五个方面的中国特色变为成功实践，需要付出艰巨努力。仅人口规模这一点来说，现在，全球进入现代化的国家也就20多个，总人口10亿左右，而我们是14亿多人口整体迈入现代化，规模超过现有发达国家人口的总和。这是人类历史上规模最大的现代化，也是难度最大的现代化。光是解决14亿人的吃饭问题，就是一个不小的挑战。还有就业、分配、教育、医疗、住房、养老、托幼等，哪一项解决起来都不容易，涉及人数都是天文数字。而且，我们现在的外部环境也日趋恶化，大家也能够真切地感受到。世界向何处去？和平还是战争？发展还是衰退？开放还是封闭？合作还是对抗？时代之问摆在我们面前。

面对前所未有的时代挑战，更加需要领导干部重视学习历史，形成历史思维习惯，提高历史思维能力。因为，只要具备了历史思维，我们就可以根据已经掌握的历史规律大体预测出事物发展的基本趋势，就可以避免行动的盲目性和预判上可能发生的错误。例如，针对近年兴起的"逆全球化"思潮，习近平总书记指出：面对经济全球化大势，像鸵鸟一样把头埋在沙里假装视而不见，或像堂吉诃德一样挥舞长矛加以抵制，都违背了历史规律。习近平总书记为什么敢这么说？因为，历史发展有其规律。"世界潮流，浩浩荡荡，顺之则昌，逆之则亡。"从生产力的角度来看，经济全球化已成为不可改变的历史趋势，不以人的主观意志为转移，只有顺应这一历史潮流，才能把握时代大势，推动历史沿着正确方向前进。正因如此，习近平总书记才自信坚定地指出：我们看世界，不能被乱花迷眼，也不能被浮云遮眼，而要端起历史规律的望远镜去细心观望。美国采取的与中国脱钩、贸易壁垒等违背全球化的政策，可能会一时得利，但由于不符合历史发展趋势，不符合生产力发展规律，终将证明是错误的。

三、提高历史思维能力的方法路径

在明晰了历史思维的科学内涵和重要价值后，接下来的问题就是如何形成历史思维，提高历史思维能力了。

（一）前提：树立正确历史观，反对历史虚无主义

历史观是人们对历史的根本观点、总的看法，是世界观的重要组成部分。历史观是否正确，关系到国家兴亡、民族盛衰和人心聚散，也是形成历史思维、提高历史思维能力的基础和前提。

马克思主义基本原理告诉我们，全部社会生活在本质上是实践的，只有从实践出发学习研究历史，才能看到历史的本质、主流和主线。唯物史观就是从实践出发认识、分析历史的系统方法。因此，要树立正确的历史观，必须学会用唯物史观分析研究历史。大体来看，唯物史观的主要内容可以归结为两个方面：一是生产力是社会发展的最终决定力量，是人们历史活动的思想动机的物质根源；二是人民群众是历史的创造者，为社会条件所制约的群众生活状况规定着历史的动向。我们看问题、分析问题，要

自觉运用唯物史观的基本原理。比如，就第一个方面来看，正是在生产力的支配下，人类社会才经历了由原始社会向奴隶社会、封建社会、资本主义社会和社会主义社会的不断演进。因此，在认识和分析历史的时候，我们先要分析事物的本质特征，即生产力因素，再由生产力分析生产关系，继而由生产关系分析上层建筑、意识形态……如此，才能找到现象背后的本质，找到历史发展的规律。

在运用唯物史观的过程中，对一些错误历史观要敢于旗帜鲜明地进行批判。比如唯心史观，这是从社会意识决定社会存在的观点出发看待历史。其中，历史虚无主义极具代表性、迷惑性。因为它抓住历史的一点真实或细节而大肆发挥，随意评论，使人误以为就是真实的历史。在《马克思靠谱》这本书中，有一章叫"历史的正确打开方式"，在这一章中作者举了一个例子，虽然有开玩笑的意味，但指出了历史虚无主义的严重后果。作者坐在镜头前面正儿八经地录节目，偶尔有挖鼻孔的不雅动作。结果导演把作者正儿八经录节目的片段都删掉，只保留作者挖鼻孔的动作，节目播出来后，观众看到的就是一个挖鼻孔做不雅动作的人，大家看，只抓住挖鼻孔这一点而忽略其他。挖鼻孔虽然是真实的，但如果不考虑其他的内容，对事物的认知就会大相径庭，而历史虚无主义就是这样做的。在史学研究领域，就有所谓的帝国主义侵华"有功论"、"告别革命论"、中国近代应该走改良的道路不应该走革命的道路等论调。当然，他们也会言之凿凿，举一些例子论证自己的观点。比如，他们会说西方给中国带来了物质文明，使中国走上近代化的道路。这些言论乍一看，不无合理之处，但仔细推敲，深入事物背后的本质，就会发现漏洞百出。想一想，日本侵华给中国带来了什么，我们就不难得出帝国主义侵华到底是"有功"还是"有过"了。

党员领导干部是党和国家各项事业成功的根本保证，因此更要学会用正确历史观认识、分析问题。比如，针对学界存在贬低改革开放之前三十年、抬高改革开放之后三十年的论调，习近平总书记指出，这两个三十年是相互联系又有重大区别的时期，但本质上都是我们党领导人民进行社会主义建设的实践探索。中国特色社会主义是在改革开放历史新时期开创的，但也是在新中国已经建立起社会主义基本制度并进行了二十多年建设的基础上开创的。习近平总书记认为，正确认识二者之间的关系，需要从三个方面进行把握：一是如果没有 1978 年我们党果断决定实行改革开放，并坚定不移推进改革开放，坚定不移把握改革开放的正确方向，社会主义中国就不可能有今天这样的大好局面，就可能面临严重危机，就可能遇到像苏联、东欧国家那样的亡党亡国危机。同时，如果没有 1949 年建立新中国并进行社会主义革命和建设，积累了重要的思想、物质、制度条件，积累了正反两方面经验，改革开放也很难顺利推进。二是虽然这两个历史时期在进行社会主义建设的思想指导、方针政策、实际工作上有很大差别，但两者绝不是彼此割裂的，更不是根本对立的。我们党在社会主义建设实践中提出了许多正确主张，当时没有真正落实，改革开放后得到了真正贯彻，将来也还是要坚持和发展的。三是改革开放前的社会主义实践探索为改革开放后的社会主义实践探索积累了条件，改革开放后的社会主义实践探索是对前一个时期的坚持、改革、发展。这种认识、评价既坚持了马克思主义事物是普遍联系、发展的观点，同时也把改革开放前的一些失误放在了当时特定的历史条件下分析，是用历史唯物主义分析事物的正确态度，因此得出的论断符合历史实际，全面客观。这也保证了我们党和国家各项事业的顺利推进。

不正确看待历史，就容易引起思想混乱，给外部势力以可乘之机，甚至会亡党亡国。像苏共垮台和苏联解体，历史虚无主义在其中起到了其他因素不可替代的作用。当年苏联解体有一个重要原因，就是对斯大林的妖魔化解读。赫鲁晓夫是在否定斯大林路线的基础上上台的，他下令把斯大林像从莫斯科红场上挪走，把斯大林遗体从红场陵墓中迁出；勃列日涅夫执政时期延续了赫鲁晓夫的做法，继续在思想领域搞"非斯大林化"；戈尔巴乔夫执政时期，"斯大林主义""斯大林体制"更是遭到批判和否定。苏联这种否定斯大林功绩的做法，直接造成了苏联意识形态领域的混乱，严重弱化了苏共执政的思想基础，最终导致苏共垮台和苏联解体。它的问题并没有出在经济上，它的经济建设虽然有缺陷，比较重视重工业，不重视轻工业，不重视民生建设，老百姓有意见，但总体来说，在当时的社会主义国家中还是非常厉害的。

（二）方法：重视学习历史，获取正确历史信息

形成历史思维、提高历史思维能力，不仅要树立正确历史观，更要学会读懂历史，学会从历史材料中获取正确的信息。

我们党和国家重要领导人都非常重视学习历史。如毛泽东同志，他从青年时代，就酷爱阅读传统的经、史、子、集，尤为重视"二十四史"。1952年，他购置了一部清乾隆武英殿版的"二十四史"，从此，这部书陪伴了他20多年，其中有些史册和篇章他反复研读多次，并在书上留下了大量符号和批语。一部《资治通鉴》，他阅读了至少17遍。周恩来同志也非常喜欢读书，他从6岁起就在藏书丰富的外祖父家阅读了大量的古典书籍，中学时代，他花了很大的精力研读《史记》《资治通鉴》《汉书》之类的正史，他还十分注意从近代中国的屈辱历史中探寻中国积弱不振的根源，寻求中华民族的自强之道。习近平总书记同样非常喜欢阅读历史书籍。我们知道，每年新年前夕，他都会发表新年贺词，人们在聆听他新年贺词的同时，也能从电视画面中看到他身后摆满书的大书架。如果细心的话，我们就会发现，在习近平总书记的书架上，有大量的历史典籍：《史记选》《汉书选》《世界通史》《现代欧洲史》……他曾指出：在中国的史籍书林之中，蕴含着十分丰富的治国理政的历史经验。其中包含着许多涉及对国家、社会、民族及个人的成与败、兴与衰、安与危、正与邪、荣与辱、义与利、

廉与贪等方面的经验与教训。

但是，史书浩如烟海，阅读史书必须有正确的方法。没有正确的方法，会事倍功半；有了正确的方法，就会事半功倍。在这里，给大家介绍以下几种阅读史书的方法。

1. 代入法

即把自己当成历史故事中的人物，代入当时的场景，从而真实地感悟那段历史故事。可以想象一下我们是"破釜沉舟"的项羽、"风萧萧兮易水寒"的荆轲、"斩白蛇起义"的刘邦、"火烧赤壁"的周瑜、"七擒孟获"的诸葛亮，等等。代入这些我们耳熟能详的历史故事，能帮助我们设身处地地感悟历史人物的思想，沉浸于历史故事的走向。有了这个方法，我们就不会把历史书当成枯燥无味的催眠书，也就能激发自己更大的兴趣去阅读它们。例如，长平之战，这个故事有两个主人公，一个是被后世评价为"纸上谈兵"的赵括，另一个是被认为心黑手狠的秦国战神白起。白起打败了赵括之后，坑杀活埋了投降的40万赵军。用代入法读这段历史，至少可以得出两个结论：一个是用领军大将，一定不能只看他的理论水平，更要看他理论联系实际的能力；另一个就是骂杀人如麻的白起，或是感叹战争的反人性以及和平的珍贵。

2. 旁观法

即把自己当成历史故事的旁观者或局外人，尽量用理性思维理解和解读。历史有一个重要的特点，就是所发生的一切，都是已经过去的事情，是无法改变的，就算我们能够穿越回去，成为历史事件中的人物，也没有办法改变它的走向和结局。所谓"当局者迷，旁观者清"。理解了这个道理，我们就可以尽量摆脱感性思维的影响，理性思考所看到的一切，然后分析更深层次的潜在规律。比如，刚才提到的长平之战，我们就可以试着思考这样一些问题，赵括真的就是纸上谈兵的窝囊废吗？白起真的就是嗜杀成性的刽子手吗？通过分析战国后期秦国和赵国的情况，我们可以发现，当时秦赵的国力对比，秦国已经具有压倒性优势，已经占据了整个四川盆地、大半个江汉平原和几乎整个黄土高原，而赵国的国土面积要小得多，只能凭借长平易守难攻的地形，与秦军对峙。之前负责指挥赵军的是老成持重、"尚能饭否"的廉颇，他采取了消耗和拖延的战法，一度让秦军苦不堪言。秦昭襄王因此不得不动用全国之力运送战略物资上长平前线。可是，赵国毕竟国力弱小，渐渐地，这种消耗战它自己也撑不下去了。于是，赵孝成王不得不改变策略，主动进攻秦军，这才选择了让赵括代替廉颇。赵括在战场上的表现，也不是大家认为的那样不堪一击。因为他的任务就是进攻，对面的白起自然就要有针对性地准备，白起采用了口袋战术等赵括来钻。果不其然，赵括中了计。但是，即便被包围了，赵括也指挥着40万赵军持续保持着旺盛的战斗力，以至于秦国动员了河东河内两郡15岁以上的男子全部上战场，才挡住了赵军的进攻。因此，长平之战，赵括虽然最终输了，但也称得上是虽败犹荣，而不是我们认为的只是纸上谈兵，毕竟他的对手，是为将以来十几战从未有过败绩的战神白起。至于白起杀降兵，则不能简单归因于他个人的冷酷好杀。当时，40万赵军投降，总人数已经达到了秦国当时人口的二十分之一。这个数量，秦国根本无法消化吸收，但是又不可能放虎归山，所以只有最后一个选择，就是把他们杀掉。但是，这也成为白起不幸的开始。长平之战是他的最后一战，他因功高震主，赏无可赏，被秦王赐死自尽了。因此，只有冷静理性地思考，才能从字里行间发现历史故事和历史人物的本来面目，而不是人云亦云。

3. 升维法

如果说"旁观者清"已经超越局中人，那么"降维打击"就更加厉害。所谓升维法，就是要跨越时空维度的局限，用更高维度的思考方法品读历史故事和人物，挖掘更深层次的规律，甚至可以说有点类似"上帝视角"。

例如，可以将时间维度固定在一个小范围内，分析空间维度上发生的历史事件。大家知道，公元前600年到公元前300年，也就是中国的春秋战国时代，大概在北纬30度上下，也就是北纬25度至35度之间，世界各个文明国家都出现了伟大的思想家。释迦牟尼、孔子、老子、毕达哥拉斯，这四位圣贤几乎在同一时间登上历史舞台，随后是墨子和苏格拉底上场，再后是孟子、庄子、亚里士多德接棒。这段时期是人类文明精神的重大突破时期，德国哲学家雅斯贝尔斯在1949年出版的《历史的起源与目标》一书中将这段时期称为"轴心时代"。这么多伟大的思想家在这段时期井喷式出现是一种历史现象，但是，造成这种现象的原因是什么？现象背后的本质是什么？隐藏在现象背后的规律又是什么？这些都是我们阅读历史应该深度思考的内容。

当然，也可以将空间维度固定在一个小范围，然后在一个长时间的跨度上观察历史事件的发展与变化。大到一个国家，小到一个单位、一个部门，都可以当作一个空间维度，然后将时间刻度浓缩去考察。比如，全球范围内人类文明的历史、中华民族的历史、山东省委党校的历史，等等，都可以分析其中的变迁轨迹，探寻其深层的发展规律。另外，在中国气候学上，有个著名的竺可桢曲线，竺可桢将中国气候作为一个考察维度，在长时段的视域中考察它的变迁。从20世纪20年代末开始，他用数十年时间查阅了《礼记》《诗经》《左传》《吕氏春秋》《史记》《齐民要术》等古籍、历史文献，并将中国近5000年气温变化制成了一张清晰、简明的曲线图，描绘出了中国5000多年的气候变迁轨迹图。这一成果以《中国近五千年来气候变迁的初步研究》为题发表在《考古学报》1972年第1期。有了竺可桢曲线，我们就可以大体预测此后相当长一段时期中国的气候变迁规律，就可以有的放矢，进行必要的应对。

也可以把空间维度聚焦在某一个具体人物身上，研究一个具体历史人物的人生轨迹。这方面的例子很多了，可以是古代人物，也可以是现代人物，还可以是西方人物。

除了以上我们列出的三种方法，关于读历史的方法还有很多。

当然，读了那么多的史书，我们就应该形成历史思维了。宋代著名史学家吕祖谦曾说过："人二三十年读圣人书，一旦遇事，便与里巷人无异，只缘读书不作有用看故也。何取？观史如身在其中，见事之利害，时而祸患，必掩卷自思，使我遇此等事，当作何处之。如此观史，学问亦可以进，智识亦可以高，方为有益。""里巷人"类似于现在所说的"乡民"。如果读了几十年的书，碰到事情除了跟乡民们一样凑热闹，发表一点儿个人的感想外，对于如何解决事情一点儿方法也没有，在一定程度上也就失去了读史的意义。当读一本历史书，读到书中的古人面临重要的抉择关头时，立刻把书合上，好好想一想，如果身处对方的情境，你会做什么样的决定？把一切都想清楚后，再把书打开，看看古人是怎么做的，他最后做了什么样的决定？他的决定带来的是成功还是失败？原因何在？然后比较自己与古人在选择上有何异同。时间长了，历史思维能力自然而然就提高了。

（三）运用：学以致用，将历史和现实相结合

"道虽迩，不行不至。"通过读史、思考，运用各种历史思维方法，透过纷繁复杂的历史现象看到它们背后的道理和规律，最终是为了将之应用于推动中华民族伟大复兴的事业。唐代史学家刘知几指出："史之为用，其利甚博，乃生人之急务，为国家之要道，有国有家者，岂可缺之哉！"那么，领导干部怎样将历史学以致用，获得如刘知几所说的"甚博"之利呢？首先，要主动总结、学习和运用中国革命、建设和改革的经验。习近平总书记指出，对中国共产党人来说，中国革命历史是最好的营养剂，多重温我们党领导人民进行革命的伟大历史，心中就会增添很多正能量。比如三个历史决议、党的历次代表大会和中央全会有很多内容就是总结历史经验的。第三个历史决议题目就是《中共中央关于党的百年奋斗重大成就和

历史经验的决议》，总结了我们党百年奋斗的十大历史经验。又如，习近平新时代中国特色社会主义思想的世界观和方法论，"六个必须坚持"就是总结我们党的历史经验得出来的正确结论，也是在新时代的伟大征程中要继续坚持的。

此外，可以思考这样一个问题：以中国式现代化全面推进中华民族伟大复兴，如果运用历史思维的话，则需要注意哪些问题，避免哪些陷阱呢？

一是"李嘉图陷阱"（一些国家在发展前期过于依赖比较优势，而未能够在合适的时机转换经济发展模式，从而长期来看处于经济发展停滞状态），避免低水平国际分工带来的发展锁定。比如，一些国家凭借石油资源实现了经济腾飞，但是并没有建立工业化体系，只能是"贫困化增长"（当一国生产要素的增长带来产品出口增加时，不但没有带来该国出口收入和福利水平的提高，反而降低了本国福利）；某些国家利用劳动力等资源发展制造业（就像原来广东地区的"三来一补"）迅速融入国际分工，但始终处于价值链底端，人均经济总量处于平均水平，很难突破。二是"拉美陷阱"（当一个国家的人均收入达到中等水平后，由于不能顺利实现经济发展方式的转变，经济增长动力不足，最终出现经济长期停滞的状态），避免经济快速增长带来的收入差距加大。三是"'垮掉的一代'陷阱"（经济发展是道德进步的基础，但经济发展不必然带来精神上的追求，如果引导不好可能就会出现精神的虚无和道德的败坏。从历史上看，西方一些发达国家在物质生活得到充分满足后，由于缺乏正确的社会引导，出现了明显的精神虚无），避免财富增长带来的精神空虚。四是跨越"环境库兹涅茨陷阱"（现代经济学经典理论认为，环境恶化是经济发展的一个必要阶段，而不是主观认识水平问题，也不是制度、战略和政策失误造成的。从历史经验来看，如果没有国家的政策约束和引导，经济发展到高级阶段并不会立刻带来资源环境的改善。有些西方国家在经济高度发展后环境恶化程度并未明显改善，有些国家则迷信"先发展，后保护"的教条，在步入高收入阶段后才逐步强调环境保护，但在环境治理中付出了巨大成本），避免工业化带来的环境诅咒。五是跨越"殖民化陷阱"（殖民既是资本主义产生的条件和基础，也是资本主义产生的动力和需求。在历史上，资本主义商品经济的发展，要求向世界各地倾销商品、掠夺原料，还要求向海外输出剩余资本，因此传统工业化国家的崛起过程就是一部血淋淋的殖民史，殖民主义是资本主义得以确立、发展和壮大的一个重要战略支点），避免超级大国发展所带来的对外掠夺。

除了避开各种陷阱，还要系统研究中国历史和文化，在对历史的深入思考中汲取智慧、走向未来。中国历史和文化中蕴含着很多治国理政、经略世事的政治智慧。习近平总书记在2023年6月2日的文化传承发展座谈会上再次指出：中华优秀传统文化有很多重要元素，比如，天下为公、天下大同的社会理想，民为邦本、为政以德的治理思想，九州共贯、多元一体的大一统传统，修齐治平、兴亡有责的家国情怀，厚德载物、明德弘道的精神追求，富民厚生、义利兼顾的经济伦理，天人合一、万物并育的生态理念，实事求是、知行合一的哲学思想，执两用中、守中致和的思维方法，讲信修睦、亲仁善邻的交往之道，等等。结合我们正在做的事情，学习研究中国历史和文化，将对我们中国特色社会主义事业的发展具有重要的启发和借鉴意义。

总结、学习和运用中国革命、建设和改革的经验也好，在系统研究中国历史和文化的过程中汲取智慧、走向未来也好，都需要运用各种历史思维方法。大体来看，有以下几种方式可以采用。

1. 历史比较

"比较法"也叫"对比法"，是历史思维最常用的方法之一。谈到历史时，我们首先想到的可能就是"以史为鉴"这个词。"以史为鉴"就包含一种比较的意思。准确地说，就是以史观今，以过往发生的事件与今天发生的事情进行比较，找到相似之处。除了以史观今，还能以史观史，就是比较两个相似的历史事件或人物，也可以将同一时间发生在不同国家和地区的事件进行比较。应该说，历史比较在研究和思考社会现象时能够显示出它的独特优势。比如，我们现在讲我们搞的是中国式现代化，这与西方式现代化是不同的，不同点在哪里、为什么会不同，等等，都可以通过比较进行理解。

历史比较需要注意一个问题，即比较的合理性。什么是比较的合理性？我们常常看到一些比较具有随意性，主观地拿出两个事件进行比较，寻找相似点和差异点。如果单纯寻找相似点和差异点，任意两个事物之间都可以有很多相同，也可以有很多不同，但随意性比较往往给人以牵强之感。比如，有人把革命领袖与封建帝王相比较，完全无视二者本质的不同。随意比较往往得出简单化的、大而化之的结论，是不可取的。因此，比较一定要有合理性。所谓合理，至少要满足两个条件：其一，被比较的两个或多个事件之间一定要有本质的相似，从而使比较成为寻找本质联系的活动、有意义的活动。其二，比较的结论是具体的，而不是以偏概全或者大而化之的。结论如果不够具体，可能是脱离现实的空理论，不是科学的认识。

2. 历史分析

列宁曾指出："在社会科学问题上有一种最可靠的方法……那就是不要忘记基本的历史联系，考察每个问题都要看某种现象在历史上怎样产生、在发展中经过了哪些主要阶段，并根据它的这种发展去考察这一事物现在是怎样的。"[①] 这就是历史分析，就是将事物的整体分解为要素、部分加以认识的过程。历史分析就是对历史事件的各个方面、要素进行分解，并且找到这些方面、要素之间的内在联系，从而弄清楚事件的前

---

① 《列宁全集》第三十七卷，人民出版社1986年版，第61页。

因后果、来龙去脉。

历史分析可以从不同层面进行分析，例如，利益分析、阶级分析。利益分析是马克思主义在分析社会关系和社会动力问题时倡导的重要方法。马克思曾指出，人们奋斗所争取的一切和他们的利益有关。恩格斯在《路德维希·费尔巴哈和德国古典哲学的终结》中也指出："旧唯物主义在历史领域内自己背叛了自己，因为它认为在历史领域中起作用的精神的动力是最终的原因，而不去研究隐蔽在这些动力后面的是什么，这些动力的动力是什么。不彻底的地方并不在于承认精神的动力，而在于不从这些动力进一步追溯到它的动因。"① 在唯物史观看来，这个"进一步"的"动因"就是物质利益，利益是推动人们行动的动力。应该说，发现利益在形成社会关系、推动社会变迁中的重要作用，是马克思主义对人类社会研究方法的重大贡献。因为利益在人们思想和行动中具有这种作用，所以在分析事件的动因时，必须分析事件背后的利益关系。但是，我们要正确理解马克思主义的利益观，它不是指人们的"物欲"。古人说："天下熙熙，皆为利来；天下攘攘，皆为利往。"甚至说，"人为财死，鸟为食亡"。这些话仅仅指出了人的"物欲"的普遍性，但它们都没有认识到，利益不等于"物欲"，利益是一种客观的关系，是社会存在和发展的基础。大家试想一下，我们党为什么把人民对美好生活的向往作为奋斗目标，始终坚持全心全意为人民服务的宗旨，其实也是基于利益分析法后作出的决策部署。

利益分析法在阶级社会的运用会引向阶级分析法，因为利益总是某些人的利益，但人是属于某个阶级的，在阶级社会，利益纷争是以阶级为单位的。列宁指出："所谓阶级，就是这样一些集团，由于他们在一定社会经济结构中所处的地位不同，其中一个集团能够占有另一个集团的劳动。"阶

---

① 《马克思恩格斯文集》第四卷，人民出版社2009年版，第303页。

级关系本质上就是利益关系，但它不是个人利益关系，而是与个人利益有关系的整个阶级之间的关系。阶级分析法之所以重要，是因为在阶级社会，特别在重大历史事件发生的过程中，行动起来的是有着共同利益诉求的整个阶级。

应该注意的是，在运用马克思主义的利益分析法和阶级分析法时，应该注意避免简单化和扩大化的现象，对每一句话、每个行动都要作利益分析、阶级分析，这在实际上否认了其他关系的存在，用利益关系和阶级关系代替一切关系，用利益分析和阶级分析代替其他分析，是对利益分析法和阶级分析法的滥用。对于阶级斗争不是主要矛盾的社会，或阶级矛盾并不尖锐的历史时期，对阶级分析方法的运用更要慎重，我们在这方面是有教训的。

除了利益分析法和阶级分析法，历史分析方法还包括意识形态分析法。意识形态分析法是认识历史上的文化现象、研究人类精神活动的本质和规律的重要方法。它要求在研究一种文化现象或一种思想观念的时候，分析这种文化现象或思想观念背后体现的利益关系和阶级关系，还原一种文化现象或思想观念形成的现实根据，把它们看成现实生活、利益关系、阶级关系的反映。这是历史唯物主义观察精神现象的一个基本立场和方法。当然，与利益分析和阶级分析一样，运用意识形态分析方法也要防止简单化和扩大化。

3. 背景调查

我们在进行文史研究时有一种"知人论世"的传统。当拿起一本史书的时候，我们是否曾想过这本书是什么时候写的？作者是什么身份？处于什么样的时代？又有什么样的立场呢？等等，通过对这些问题的思考，也有助于培养我们的历史思维能力。陶渊明的《桃花源记》描述了一个与世隔绝、和平安宁的世外桃源。《桃花源记》是一个文学作品，也是一个带有哲学寓意的作品。而对于研究中国史的学者来说，这个作品可能还具有历史意义。也就是说，陶渊明写这篇东西应该有现实的依据，不然他没法想象出一个世外桃源。那么世外桃源在何处？陈寅恪和唐长孺这两位学者都对这个问题进行过研究。陈寅恪认为在今天河南三门峡南边的山区，他的理由是桃花源是一个逃难的地方，可以躲避现实政权；唐长孺则认为在湖南常德，逃到这里的是不愿加入汉人统治的所谓蛮人，也就是今天的南方少数民族。那么，为什么两个人会对同一问题产生不同的认识呢？应该说与两人写文章的背景不同有关系。陈寅恪的文章写于1936年，当时正处于全民族抗战爆发的前夕，他知道中日之间要发生大的战争，认为中国很可能打不过日本，所以大家要逃难。要逃难，就必须有逃难的地方，所以就想到了1500年前人们是怎么做的。唐长孺写这篇文章是1956年。当时中国刚刚完成民族识别，民族政策刚刚实施，因此，他考虑到了少数民族问题。两个人对这个问题认识的不同，很大程度是因为他们所处的时代背景不同。因此，时代背景对人的影响是不能忽视的。

我们不仅在面对过去的历史时要考虑时代背景问题，更应该在当下的时代背景下积极应对我们的时代命题。2023年6月1日，习近平总书记在中国国家版本馆考察时说，"我十分关心中华文明历经沧桑流传下来的这些宝贵的典籍版本"；2023年6月2日下午，习近平总书记来到中国历史研究院，强调指出要实施好"中华文明起源与早期发展综合研究""考古中国"等重大项目，做好中华文明起源的研究和阐释。习近平总书记为什么在今天这样一个节点上，如此强调要重视我们中华民族的历史和传统文化？其中一个重要原因，就是借助我们的文化之根，在世界上重新定义我们自己，而不是任由其他文化对我们进行定义，将别人的标准作为评判我们的根据，这是我们的时代命题，是我们每一个人义不容辞的责任。

总之，历史之中有智慧，历史之中有营养。历史思维是一种伟大的动力，也是一种责任思维，能够培养我们创造历史的担当精神，推动我们承担起历史的责任。党员领导干部作为党治国理政的"关键少数"，必须自觉涵养历史思维，将形成历史思维、提高历史思维能力作为必修课，不仅必修，而且必须修好，要在对历史的深入学习思考中不断提高历史思维能力，在现实工作中用好历史这面镜子，从而更好地走向未来。

提高辩证思维能力

提高辩证思维能力

伟大的实践离不开科学的世界观和方法论的指导。拥有马克思主义科学理论指导是我们党坚定信仰信念、把握历史主动的根本所在。当今世界，百年未有之大变局加速演进，国际和地区形势正在发生深刻复杂变化，机遇和挑战都前所未有。在"两个大局"加速演进并深度互动的时代背景下，中国之问、世界之问、人民之问、时代之问给我们提出的新考题比过去更复杂、更难，改革发展稳定、内政外交国防、治党治国治军等各领域都遇到了前所未有的新问题新挑战。面对新的复杂形势和要求，我们要科学制定和坚决执行党的路线方针政策，需要各级领导干部掌握科学的思维方法，把思维方法转化为工作能力，不断提高执政本领。习近平总书记多次强调新时代领导干部在工作中必须掌握战略思维、历史思维、辩证思维、系统思维、创新思维、法治思维、底线思维等科学思维方法。其中，辩证思维是最根本、最基础的思维方法，具有统领作用。辩证思维对解决难题、推动工作具有极为重要的作用。在实际工作中，有些领导干部因缺乏辩证思维，在谋划工作时容易凭个人好恶和经验习惯作决策；有些领导干部只研究工作动力机制，不考虑利益平衡机制；有些领导干部抓工作搞"单打一"，只注重抓特色和强项，热衷出业绩，对打基础、谋长远的事关注不够；有些领导干部习惯用对立的思维和办法解决问题，导致矛盾日益激化。在发展形势的判断上，有些领导干部以偏概全，陷于过度乐观或过分悲观的片面情绪中；有些领导干部把现象误认为本质，缺乏政治敏锐性和洞察力；有些领导干部片面强调改革的复杂性、艰巨性而动摇了改革的信念与勇气；有些领导干部则因为对改革的困难程度估计不足而不能科学谋划改革的部署与进程。所有这些片面性，都是缺乏思维高度、思维深度、思维广度的具体表现，归根结底，是因为缺乏辩证思维这一打开矛盾之门的"金钥匙"。习近平总书记指出，"我们的事业越是向纵深发展，就越要不断增强辩证思维能力"，"学习掌握唯物辩证法的根本方法，不断增强辩证思维能力，提高驾驭复杂局面、处理复杂问题的本领"①。那么，何为辩证思维，辩证思维与唯物辩证法之间有何关系？为什么要迫切提高辩证思维能力？如何才能够提高辩证思维能力？这是我们要着力回答的几个问题。

一、怎样认识辩证思维能力

辩证思维是人们自觉运用马克思主义的唯物辩证法分析问题和解决问题的科学思想方法。马克思主义的唯物辩证法是辩证思维的哲学基础，辩证思维是唯物辩证法的具体运用。辩证思维能力是主体在运用辩证思维方法认识、分析、解决实际工作问题的过程中体现出来的本领和素养。不同个体或不同群体之间的辩证思维能力有高低、强弱之分，这是以实践成效加以区分和检验的。具体来说，辩证思维能力就是承认矛盾、分析矛盾、解决矛盾，善于抓住关键、找准重点、洞察事物发展规律的能力。

（一）马克思主义唯物辩证法是辩证思维的哲学基础

自然界、人类历史以及人们的精神活动始终呈现相互联系、彼此作用的状态，处于运动、变化、生成和消逝的过程中。从这种现象中提炼出的运动、转变、联系和发展的观念与认识方法就是"辩证法"。作为人类认识世界和改造世界的根本规律和基本方法，辩证法是人类共同的智慧结晶。中国古代传统哲学拥有丰富的辩证思维的智慧，这种辩证思维的初始图景集中显现在《周易》《道德经》等著作中，比如"一阴一阳之谓道""变易之说""否极泰来""相反相成""反者道之动"等。德国辩证法大师黑格尔声称自己的辩证法源于中国的《易经》。中国共产党人强调的辩证思维是植根于马克思主义辩证法的理论思维。那么，我们坚持的辩证思维和中国

---

① 中共中央宣传部编：《习近平总书记系列重要讲话读本（2016年版）》，学习出版社、人民出版社2016年版，第287、280页。

提高辩证思维能力

传统文化中的辩证思维、古希腊朴素辩证法以及黑格尔的辩证法有哪些联系和区别呢？

古希腊时期的赫拉克利特被视为"辩证法的奠基人之一"。赫拉克利特认为世界万物都是处于不断运动变化中的，他提出"人不能两次踏进同一条河流"的著名命题。赫拉克利特主张事物的运动变化是按照一定的规律进行的，他首次提出"逻各斯"的思想。赫拉克利特强调事物的运动变化是和事物本身存在的矛盾对立分不开的。尽管他没有明确提出"对立统一"这样的术语，但他看到了各种对立面统一的现象。朴素的辩证法包括以赫拉克利特为代表的辩证法思想，也包括中国传统辩证法思想，它们有一个共同特点，它们都是直观的，是对世界进行了总体上的、一般性质的把握，但朴素的辩证法缺少自然科学的基础，因而在细节上是模糊的。在思维的总方向上是正确的，像中国传统辩证思维具有整体和发展的观念，对我们有启迪作用，但它仍然有自身的局限，比如中国传统辩证法借用直观顿悟而形成，具有模糊性和神秘性。

我们一般会把辩证思维与形而上学思维相对立。但与古代朴素辩证法及与之相联系的辩证思维相比，形而上学思维有它的合理性。因此，我们对形而上学思维方式也要辩证地看。形而上学思维方式是欧洲近代发展和科学进步的产物。15世纪下半叶，真正的自然科学兴起以后，人们在对各种自然过程和对象进行分类研究的基础上极大地提高了认识水平。这与古代自然科学和哲学融合在一起的状况比较起来，当然是一个进步。恩格斯说，形而上学思维方式，"在相当广泛的、各依对象的性质而大小不同的领域中是正当的，甚至必要的"[①]。它在研究事物的相对静止状态时仍然是有效的方法，在理性抽象阶段，形而上学的方法是不可缺少的一种思维方法。但孤立、静止、片面的观点是形而上学思维方式的根本缺陷，克服这种局

[①] 《马克思恩格斯全集》第二十卷，人民出版社1971年版，第24页。

限性、片面性需要恢复辩证法这一最高的思维形式。这首先是由德国哲学家来完成的。

德国哲学家黑格尔是辩证法思想的集大成者。黑格尔的最大功绩，"就是恢复了辩证法这一最高的思维形式"[①]。首先，黑格尔第一次明确地在宇宙观、世界观、本体论的意义上使用辩证法，这是他赋予辩证法的全新定位。其次，黑格尔着眼于矛盾对立统一在辩证法中的重要地位，揭示了事物运动、发展的源泉和动力在其内在矛盾，在此基础上，指出辩证思维的本质要求是在对立中把握统一。最后，黑格尔系统地表述了辩证法的基本特征，明确了辩证法的质量互变、对立统一和否定之否定三个规律。可以说，黑格尔辩证法是马克思主义以前辩证法思想的最高成果。但恩格斯认为，他只是提出了问题，并没有解决问题。黑格尔的辩证法是"意识"的辩证法、本末倒置的辩证法。他的丰富的辩证法思想是同其唯心主义哲学体系联系在一起的。克服这种局限性则需要恢复唯物主义的权威，同时还要破除机械的、形而上学的思维。这样，马克思主义新的世界观就应运而生了。

马克思主义哲学的辩证思维是建立在唯物辩证法基础上的科学形态的辩证思维，实现了人类思维发展上的革命性变革。它批判地继承了费尔巴哈的唯物论和黑格尔唯心主义辩证法的"合理内核"，创立了唯物主义辩证法。实现了唯物论与辩证法的统一，成为真正的科学的辩证逻辑。

（二）提高辩证思维能力的内涵要求

在马克思主义哲学体系中，联系的观点和发展的观点是唯物辩证法的总观点。提高辩证思维能力，就是要坚持发展地而不是静止地、全面地而不是片面地、系统地而不是零散地、普遍联系地而不是孤立地观察事物，妥善处理各种重大关系。辩证思维能力主要从以下三个方面来认识。

---

① 《马克思恩格斯全集》第二十五卷，人民出版社 2001 年版，第 386 页。

1. 善于运用普遍联系的观点看问题的能力

马克思主义唯物辩证法认为事物的联系具有客观性和普遍性，这是不以人的意志为转移的。任何事物都与其他事物相互联系，没有一个事物可以脱离其他事物而单独存在；事物内部的各个部分、要素、环节之间相互依赖、相互作用，任何事物本身都是许多规定的综合和多样性的统一。第一，提高辩证思维能力，承认联系的普遍性和客观性，就要求我们在实际工作中正确处理好主观和客观的辩证关系，从事物本身固有的联系中把握事物，切忌主观性、从本本出发、从已有的经验出发，而应从客观存在的实际出发。第一次世界大战结束后，法国战争部长安德烈·马奇诺要求在法德边境修筑强大的防御工事，以抵御将来可能发生的入侵。这道马奇诺防线历时12年、耗资50亿法郎，固若金汤。没有想到的是，刚修完就爆发了"二战"，而德国军队通过比利时绕过了马奇诺防线，仅39天德国就攻占了法国。可以说，"二战"一开始，马奇诺防线就在德军闪电战面前失去作用，毫无意义。从思维方式上说，这是缺乏辩证思维的结果，没有根据实践的发展改变自己的策略，没有运用好动态思维，最终成为一个军事笑话。第二，唯物辩证法强调事物联系的普遍性和客观性是通过全面性、系统性而存在的。总体而言，事物之间的矛盾有内部矛盾与外部矛盾、主要矛盾与次要矛盾、矛盾的主要方面与次要方面等。坚持辩证思维，就要透过事物外部的、现象的、偶然的、次要的联系发现其内部的、本质的、必然的、主要的联系，从而揭示和把握事物的发展规律。提高辩证思维能力，承认联系的全面性、系统性，就要求我们在实际工作中树立多元思维方式和整体思维方式，对事物的联系进行具体分析，切忌一概而论。只有坚持具体问题具体分析，工作中才能够防止"一刀切"的教条主义错误。第三，唯物辩证法强调矛盾的共性和个性相统一。矛盾有主要矛盾和次要矛盾，矛盾的主要方面和次要方面。主次矛盾侧重讲述一个问题的核心是什么，找出其关键部分，比如我们经常说的"重点""牛鼻子""打蛇打七寸"等；而矛盾的主次方面侧重分析一件事情的利弊。习近平总书记强调："面对复杂形势、复杂矛盾、繁重任务，没有主次，不加区别，眉毛胡子一把抓，是做不好工作的。"① 提高辩证思维能力，要求我们在实际工作中坚持"重点论"和"两点论"的统一。"重点论"要求我们把思维的重心、立足点放在主要矛盾和矛盾的主要方面。就是抓住重点，带动面上的工作。做到这一点有一个好处就是防止"眉毛胡子一把抓"。"两点论"要求我们统筹兼顾，学会"弹钢琴"的工作方法，避免"单打一"，防止和克服形而上学的片面性、极端化倾向。我们要特别明确的是，重点和两点是密切联系、不可分割的。重点是两点中的重点，两点是有重点的两点；"重点论"以"两点论"为前提，"两点论"内在地包含着"重点论"，否则容易陷入形而上学的"一点论"和"均衡论"。

2. 善于运用永恒发展的观点看问题的能力

是否承认事物是永恒发展的，是唯物辩证法与形而上学的分歧之一，也是人们在实际工作中能否做到坚持辩证思维的关键。第一，唯物辩证法认为事物是永恒运动和不断变化的。运动是永恒的、绝对的，变化是运动的不同状态和趋向。第二，辩证法强调事物的发展和变化具有连续性和自我否定性。要求我们正确认识肯定和否定的内涵及关系，树立辩证的否定观。辩证的否定不是单纯的否定，而是联系和发展环节的否定，是"扬弃"。提高辩证思维能力，就要求我们把握好否定之否定规律，对待任何事物都不能简单采取肯定一切或否定一切的态度，要审慎地扬弃。第三，唯物辩证法强调发展是前进性和曲折性的统一。发展是指事物从低级形式向高级形式进步的、不断推陈出新的变化，是量变到质变的进展，是旧事物的衰败和新事物的产生过程，是波浪式前进和螺旋式上升的变化趋势。这就要求我们既要坚定理想信念，保持战略定力和历史耐心，又要反对历史

---

① 《习近平谈治国理政》第四卷，外文出版社2022年版，第31页。

循环论、直线论。这要求我们在实际工作中必须用发展的眼光看待问题，要学会识别、爱护、扶持新事物，既不能揠苗助长，也不能求全责备、急功近利。

3. 善于把握辩证思维基本规律的能力

事物的普遍联系和永恒发展集中体现为一系列基本规律。主要是对立统一、量变质变、否定之否定三大规律。其中，对立统一规律回答了事物运动变化发展的根源是什么，量变质变规律回答了事物运动变化发展的形式是什么，否定之否定规律回答了事物发展的过程是什么。辩证思维就是按照上述辩证法的基本规律进行的思维，就是这三大规律在思想方法上的具体贯彻和表现。

首先，把握对立统一规律。对立统一规律是事物矛盾运动的规律。矛盾观点是唯物辩证法的根本观点，矛盾分析是辩证法的根本方法。提高辩证思维能力，最重要的就是承认矛盾观点，学会矛盾分析方法。这方面我们要特别注意处理好矛盾诸方面的同一性和斗争性的辩证关系。在对待辩证关系上，我们思维的重心一定要放在于对立面的统一中把握对立面这一条上，真正能够做到这一条，我们才能够在实践中克服片面性、极端化，不会从一个极端跳到另一个极端，从一个片面跌入另一个片面。但黑格尔讲这一点难度是最大的，历来人们在处理这对矛盾的时候，差错就在于没有在对立面的统一中把握好对立面。"求同存异"思想就是对立统一规律的生动体现。周恩来同志最早在万隆会议上提出"求同存异"方针，该方针是指在处理矛盾时将寻求共同基础、保留意见分歧、原则性和灵活性相结合等辩证统一地结合起来，并成功地运用于外交、统一战线、党的建设等实践，取得了卓越成绩。1975年4月1日，邓小平同志谈到中美关系时指出：两国社会制度不同，意识形态不同，对国际政治的许多主张也不同，但我们两国还有一些共同语言，甚至在一些重大国际问题上有一些共同语言。强调"逐步发展两国的关系是完全可能的"。2022年3月18日晚，习近平主席在北京同美国总统拜登的视频通话中强调,中美过去和现在都有分歧,将来还会有分歧。关键是管控好分歧,一个稳定发展的中美关系,对双方都是有利的。这都体现了我们在处理对外关系时求同存异的辩证思维。

其次,把握量变质变规律。事物的矛盾运动推动事物的发展呈现从量变到质变,又从质变到量变的过程。量变与质变之间相互交替、相互过渡、相互转化,构成了质量互变规律,推动着事物的不断发展前进。这就要求我们注重运用质量互变和矛盾转化的观点看问题,防止矛盾恶化。习近平总书记指出,"矛盾积累到一定程度就会发生质的突变"[1],要求我们积极应对各类风险挑战,"防祸于未萌",避免由个别的、局部的问题引发全局性、战略性、颠覆性错误。

最后,把握否定之否定规律。这要求我们要树立辩证的否定观。黑格尔举过一个例子,他说,花朵开放的时候花蕾消逝,可以说花朵是对花蕾的否定,然后花朵会变成果实,可以说果实就是对花朵的否定。这个否定的过程,正是以新的形式与内容肯定了先前的存在。从花蕾到花朵,再到果实,这些形式不但彼此不同,并且互相排斥、互不相容。但是,它们的流动性使它们同时成为有机统一体的环节,在有机统一体中它们不但不互相抵触,而且彼此都同样是必要的;而正是这种同样的必要性才构成整体的生命。这就体现了否定之否定规律。

二、为何重视辩证思维能力

从百年党史来看,坚持把辩证思维提到方法论原则的高度、把增强辩证思维能力作为最根本的本领建设,善于运用辩证思维驾驭复杂局面、应

---

[1] 中共中央文献研究室编:《习近平关于协调推进"四个全面"战略布局论述摘编》,中央文献出版社 2015 年版,第 87 页。

提高辩证思维能力

对重大挑战、化解重大风险，善于运用辩证思维分析研判世界大事、谋划经济社会发展、统筹党和国家事业全局，是中国共产党百年兴盛的成功之道。今天，要实现中华民族伟大复兴这一宏伟目标，尤其需要广大党员干部更加重视理论的学习、思想方法论的锻造，努力树立辩证思维方式，大力提高辩证思维能力，正确把握发展规律，从而有效破解各种难题，不断开创事业发展新局面。

（一）百年奋斗的坚强保障

"辩证唯物主义是中国共产党人的世界观和方法论"①，是我们党的精神财富。在革命、建设和改革的各个历史时期，中国共产党一直坚持用马克思主义唯物辩证法研究和解决中国的实际问题，辩证地分析中国的社会运动及其发展规律。

在这个问题上，毛泽东同志无论是在理论上还是在实践中都为我们党作出了典范。在理论上，他写出了《中国革命战争的战略问题》《实践论》《矛盾论》《论持久战》《论十大关系》等光辉著作，极大提高了中国共产党人的辩证思维能力。其中《矛盾论》是不朽的辩证思维的名篇。《矛盾论》是对中国革命实践进行哲学总结的成果，贯穿这本著作始终的是如何"认识"和"研究"矛盾，怎样"对待"和"解决"矛盾。《矛盾论》是认识论的辩证法，是实践智慧的辩证法。在实践中，毛泽东同志把辩证法和辩证思维用于指导分析中国革命，为取得革命胜利提供了科学的方法。

1941年，毛泽东同志为驳斥以王明为代表的第三次"左"倾路线，写了长达5万多字的《驳第三次"左"倾路线》。文章指出"左"倾路线的实质是反马克思主义的主观主义，从思想方法上指明了"左"倾路线的错误。这是坚持马克思主义科学的世界观和方法论分析中国革命形势，确定

---

① 习近平：《论党的宣传思想工作》，中央文献出版社2020年版，第124页。

行动纲领的生动体现，是坚持、运用和发展马克思主义的生动体现。毛泽东同志指出，"左"倾机会主义路线领导者们的所谓"两条战线斗争"的实质是主观主义。其原因在于以下几个方面：第一，他们衡量一切的自己的路线，都是依据主观愿望胡乱制定的。毛泽东同志指出，马克思主义虽然没有穷尽对世界的认识与改造，但它告诉了我们认识世界与改造世界的关系，等于给出了"一把钥匙"。他指出，"左"倾机会主义路线的领导者们"完全不认识这个世界，又妄欲改造这个世界"，只有改造世界的主观愿望，而没有一个像样的图样，即使有了图样，也"不是科学的，而是主观随意的，是一塌胡涂的"。只能是"盲人骑瞎马，夜半临深池"，"不但碰破了自己的脑壳，并引导一群人也碰破了脑壳"，给中国革命事业造成了巨大损失。第二，他们看待事物的方法是主观主义的。认为自己的路线是绝对正确的，而将"凡不合他们胃口的一切人都看作是'机会主义者'"[①]。如临时中央在苏区强制推行"地主不分田、富农分坏田"的错误路线，而强制取消农民群众赞成拥护的"抽多补少、抽肥补瘦"的土地分配法，其结果显示，这是毁灭无产阶级的领导、毁灭革命的办法。第三，他们根本不懂得"两条战线斗争"的方法，完全离开了分析与综合的调查研究，把党内对于这个方法的思想弄得极其混乱与模糊，致使许多人都不知道"两条战线斗争"的具体做法。第四，"两条战线斗争"的方法实则是一种主观主义的乱斗法。他们的"两条路线斗争"的方法，没有把对付敌人和对付犯错误的同志加以区别，在党内造成一种不分青红皂白，大事小事，一律都是"最坚决无情的斗争"，造成党内离心离德、惶惶不可终日的局面。毛泽东同志在批判"左"倾机会主义路线的领导者们指导中国革命犯了一系列盲动冒险错误的同时，也阐明了党指导中国革命的正确的策略原则是坚持唯物辩证的方法具体分析。《驳第三次"左"倾路线》所贯穿的实事

---

① 《毛泽东文集》第二卷，人民出版社1993年版，第344、345页。

求是的思想路线、唯物辩证的思想方法，具有十分重要的历史意义和现实意义。

邓小平同志非常善于运用辩证唯物主义解决实际问题。他强调必须抓住社会主义初级阶段的主要矛盾，坚持以经济建设为中心；必须用实践检验我们的工作，坚持"三个有利于"标准；必须坚持"两手抓、两手都要硬""摸着石头过河"，处理好计划和市场、先富和共富等关系。

进入新时代，习近平总书记对辩证思维高度重视，并反复强调领导干部要坚持并自觉运用辩证思维，不断提高辩证思维能力。事实上，习近平新时代中国特色社会主义思想坚持辩证思维、坚持知行合一，实现了思想方法和工作方法的正本清源。

（二）治国理政的锐利武器

党的十八大以来，面对新形势新任务，我们党坚持马克思主义唯物辩证法，坚持好、运用好贯穿其中的立场观点方法，不断开拓运用辩证思维的新境界，取得治国理政的新成效。新时代的伟大变革，充分彰显了辩证思维在治国理政中的威力。

辩证思维贯穿习近平总书记治国理政的全过程和各方面。在治国理政面临诸多时代性课题时，他非常善于以辩证思维分析问题、思考问题。其中，如何找准并解决好主要矛盾是极其重要的。习近平总书记灵活运用矛盾分析方法，提出了新时代我国社会主要矛盾已经转化为人民日益增长的美好生活需要和不平衡不充分的发展之间的矛盾。2022年1月11日，习近平总书记在省部级主要领导干部学习贯彻党的十九届六中全会精神专题研讨班开班式上发表重要讲话，他强调：党的百年奋斗历程告诉我们，党和人民事业能不能沿着正确方向前进，取决于我们能否准确认识和把握社会主要矛盾、确定中心任务。什么时候社会主要矛盾和中心任务判断准确，党和人民事业就顺利发展，否则党和人民事业就会遭受挫折。在治国理政实践中，我们一定要特别注重统筹处理好主次矛盾。我们讲战略定力就是在主要矛盾上看得准、把得住、守得稳，常抓不懈，主要矛盾解决了，中心任务也就解决了，事业也就能够顺利发展了。

我们党在每一个历史阶段都有其特殊的治国理政的大政方略。从我们党的历史来看，中国共产党领袖人物在坚持运用辩证思维的时候，都始终注意在不同的历史条件下、在不同的时期唯物辩证法有不同的侧重点、突出点。毛泽东同志在运用辩证思维的时候，高度重视抓矛盾的特殊性和充分发挥主观能动性的问题。这和当时我们党的历史条件和特点是分不开的。而在改革开放和社会主义现代化建设新时期，和平与发展成为时代主题的条件下，邓小平同志坚持运用辩证思维的特点是从一般和个别的角度思考什么是社会主义、怎样建设社会主义，突出中国特色，强调改革开放，强调经济发展。党的十八大以来，在中国特色社会主义进入新时代、改革已经进入攻坚期和深水区的历史条件下，习近平总书记坚持运用辩证思维，强调的是要坚持问题导向和目标导向的统一，既要抓住重点带动面上的工作，又要注意以次要矛盾的解决带动主要矛盾的解决。新时代，一方面，我们强调补短板强弱项的问题；另一方面，党中央治国理政有一系列新的战略布局、战略推进，比如统筹推进"五位一体"总体布局，协调推进"四个全面"战略布局，全力推进"四个伟大"，打好三大攻坚战等。

（三）增强本领的必然要求

习近平总书记非常善于以辩证思维达到工作制胜、增强本领的目的。在浙江工作时期，他就如何吃透中央精神专门有一段论述，他说：什么叫和中央保持高度一致？把中央的精神照搬照抄，这不叫和中央保持高度一致，这叫教条主义，这叫形式主义，恰恰是违反中央精神的。那怎么才叫高度一致？只有把中央的精神和自己工作的领域具体实际结合起来，做到深化、细化、具体化，这才叫和中央保持高度一致。在这个过程当中，我们要"吃透上情、摸清下情",在上下情的结合上要"了解外情、把握内情",在内外情的结合上,做到将中央的精神深化、细化、具体化到我们现实的地区、现实的工作中来。

领导干部的工作方法具有极端重要性。毛泽东同志把工作方法看作过河的"桥"和"船",他指出:"不解决桥或船的问题,过河就是一句空话。不解决方法问题,任务也只是瞎说一顿。"① 当前,领导干部面临的工作千头万绪、错综复杂,在实际工作中,有的领导者陷入事务主义的泥潭,加班加点,但工作忙乱,按下葫芦浮起瓢,效率不高。有的领导者面对问题缺乏全面系统、综合统筹的解决问题能力,头痛医头、脚痛医脚,见到什么抓什么,工作无重点、无章法。问题出在哪里?很重要的一条,在于看不清问题中什么是主要的、起决定性作用的因素,什么是次要的、处于服从地位的因素,从而不能集中力量解决主要矛盾。对此,毛泽东同志强调要分清事情的主次和轻重缓急,主张一个时期要有个工作重点。

中国特色社会主义进入新时代,我们面临一系列复杂艰巨的新问题、新矛盾,这需要党员干部不断培养全方位、多角度、立体化的思维能力,不断提高分析和解决问题的能力。新时代我们迫切需要提高科技创新能力,加快科技自立自强步伐,解决"卡脖子"问题。我们想要在科技创新中作出贡献,一刻都不能离开辩证思维。20世纪的科学成果,如相对论、量子力学、分子生物学、系统论、控制论、信息论、计算机科学及其与之相应的微电子技术和遗传工程等,都是充分运用辩证思维方式而取得的。辩证思维方法在科学发现和科学创造中有着巨大的作用。在物理学发展史上,有两个标志性的伟大发现,第一个是丹麦物理学家奥斯特发现了通电导体周围存在磁场,揭示了电与磁的联系;第二个是英国物理学家法拉第运用

---

① 《毛泽东选集》第一卷,人民出版社1991年版,第139页。

逆向思维，经过不懈努力发现了电磁感应现象。从某种程度上说，法拉第电磁感应定律改变了世界。因为在此基础上，法国人很快就发明了发电机，有了发电机，人类步入了电气时代，我们就可以将机械能、化学能、水能和风能甚至核能变成电能，然后将其保存起来，输送出去，从而使电能的大规模生产和利用成为可能。这就告诉我们，把握事物的联系性和系统性，多向度、多层次、交叉性思考的重要性。党员干部在解决实际问题时，如果常规的思维方法不能奏效，就要及时转换到新的乃至相反的方向进行思考，如果偏执一端，就看不到解决问题的多种可能性。

如果用一句话来总结和表达辩证思维能力，可以借用习近平同志提出的"审大小而图之，酌缓急而布之，连上下而通之，衡内外而施之"这句话来表达。这句话转引自习近平同志的著作《摆脱贫困》中的文章《秘书工作的风范——与地县办公室干部谈心》。原文中习近平同志指出，如何提高工作效率，必须学会运用辩证法，分清层次，认真思考，"审大小而图之，酌缓急而布之，连上下而通之，衡内外而施之"。这就是说，要发挥办公室的整体效能，权衡大事小事、急事缓事，抓大事不放，抓急事先办；沟通上下左右，做到上情下达、内外有别，使各项工作有条不紊地进行。

三、如何提高辩证思维能力

人的能力从何而来？从学习中来，从实践中来。习近平同志在中央党校春季学期第二批进修班暨专题研讨班上指出：现在的领导干部不少人受过专业训练，不缺乏专门知识，但其中的很多人不懂哲学，不善于辩证思考，很需要在思想方法和工作方法上提高一步。辩证思维的涵养和提高，不是自然而然、一蹴而就的，既需要在理论上提高哲学自觉，掌握唯物辩证法的基本原理，也需要在实践上提高行动自觉，提高驾驭复杂问题的本领。

（一）坚持理论指导，掌握科学的世界观方法论

党的十八大以来，党中央十分重视哲学尤其是马克思主义哲学在治国理政、提高领导干部思维能力中的重要作用。2013年12月和2015年1月，中央政治局先后两次集体学习马克思主义哲学基本原理和方法，第一次是学习历史唯物主义，第二次是学习辩证唯物主义。在两次学习期间，习近平总书记都强调学习马克思主义哲学对培养科学思维方法的重大作用。这给我们指明了方向。

1. 继承弘扬学哲学、用哲学的优良传统

习近平总书记指出："学哲学、用哲学，是我们党的一个好传统。"[①]陈云同志说过："学习哲学，可以使人开窍。学好哲学，终身受用。"[②]并公开表示："毛主席非常高明的地方，就是他用哲学思想培养了一代人。"陈云同志在《怎样才能少犯错误》的报告中讲道："我们怎样才能少犯错误，或者不犯大的错误呢？在延安的时候，我曾以为自己过去犯错误是由于经验少。毛主席对我说，你不是经验少，是思想方法不对头。他要我学点哲学。过了一段时间，毛主席还是对我说犯错误是思想方法问题。他以张国焘的经验并不少为例加以说明。第三次毛主席同我谈这个问题，他仍然说犯错误是思想方法问题。后来，我把毛主席从井冈山到延安写的著作都找来看，研究他处理问题的方法。同时再次考虑，错误到底是从哪里来的？我得出一条结论，是由于主观对客观事物认识上的偏差。凡是错误的结果都是由行动的错误造成的，而行动的错误是从认识的错误来的。认识支配行动，行动是认识的结果。"[③]怎样才能避免错误，学习是根本和前提。陈云同志通读了马克思主义的经典著作和毛泽东同志的《矛盾论》

[①] 中共中央宣传部编：《习近平总书记系列重要讲话读本（2016年版）》，学习出版社、人民出版社2016年版，第279页。

[②]《陈云文选》第三卷，人民出版社1995年版，第362页。

[③]《陈云文选》第一卷，人民出版社1995年版，第342页。

《实践论》等著作，并进行了深入分析。在延安那几年的系统学习，让陈云同志建立起新的世界观和价值观，也从中学到了处理不同事情的办法，认识到方法论的重要性。他自己曾经提到过，在学习哲学之后，说话和办事儿都充满了辩证性，看待问题也有了多重角度。

学哲学、用哲学首先要注重学习马克思主义经典著作。比如，马克思、恩格斯的《共产党宣言》《德意志意识形态》《资本论》，列宁的《谈谈辩证法问题》，毛泽东的《论十大关系》《实践论》《矛盾论》等经典论著中都系统阐述和生动运用了辩证法思想，值得反复阅读，接受其智慧的滋养。学哲学、用哲学还要注重学习中外哲学经典。中国《孙子兵法》《黄帝内经》《道德经》等，西方《理想国》《逻辑学》《精神现象学》等哲学经典都揭示了事物发展变化的辩证规律，是党员干部需要辩证汲取的重要思想资源。

2. 学习领会习近平新时代中国特色社会主义思想对辩证思维的运用和发展

学习习近平新时代中国特色社会主义思想，要抓住根本。党的二十大报告强调要把握好新时代中国特色社会主义思想的世界观和方法论，并系统概括为"六个坚持"。"六个坚持"遵循了马克思主义的唯物辩证法，是马克思主义立场观点方法的鲜明体现。"六个坚持"中人民至上体现出的是中国共产党人辩证思维的核心灵魂。这就把中国共产党人讲的辩证思维与黑格尔的辩证思维，与中国古代的辩证思维区别开了。习近平总书记反复讲人民立场，讲"江山就是人民，人民就是江山"，主要讲辩证思维背后的灵魂主体性。我们学习辩证思维的时候，一定要把个人的小我向人民的大我靠近，用大我融化我们这个小我，否则的话，就会表面上很懂辩证法，但是在涉及重大利益问题的时候，不敢触及自己的灵魂，这是我们要特别注意的。

在实践中，最重要的是学会增强大局意识和全局观念。这是对党员领导干部在思想方法、工作方法上提出的政治要求。党的十八大以来，习近平总书记多次论述大局意识，要求在把握经济社会发展大局大势的基础上，注重从全局性、前瞻性角度看问题、想策略。"思想上松一寸，行动上就会散一尺。"现实中很多好举措难推进，好政策难落地，造成"中梗阻"或"末梢堵塞"，就在于有些领导干部缺乏大局、全局的思维方式。"不谋全局者，不足谋一域。"汉代的刘安曾用"罗之一目"与"一目之罗"说明全局和局部的关系，他在《淮南子·说山训》中指出："有鸟将来，张罗而待之，得鸟者罗之一目也，今为一目之罗，则无时得鸟矣。"意思是，有只鸟即将飞过来，把网张开去捕捉，捕到鸟的只是一个网眼。现在用一个网眼去捕鸟，那就永远也捕不到。"罗之一目"与"一目之罗"虽然都是"一目"，却有根本区别，前者是局部置于整体之中，后者是局部脱离于整体之外。这个例子生动告诉我们，局部在整体中才会发挥作用，脱离了整体局部就失去作用。在现实中，有的人"烧自己的火，热自己的锅"，只想单线突击、局部改善。这样一来，所做的工作皆成了"一目之罗"。每一个党员干部所从事的工作、所履行的职责，都是因大局而定、为大局服务的。只有树立大局意识，在谋划工作中才能树立"一盘棋"思想，一张蓝图绘到底。

为此，习近平总书记指出："如果心中只有自己的'一亩三分地'，拘泥于部门权限和利益，甚至在一些具体问题上讨价还价，必然是磕磕绊绊、难有作为。改革哪有不触动现有职能、权限、利益的？需要触动的就要敢于触动，各方面都要服从大局。各部门各方面一定要增强大局意识，自觉在大局下思考、在大局下行动，跳出部门框框，做到相互支持、相互配合。"① 这就给我们树立辩证思维、进行科学决策提供了遵循。党的十八大以来，全面深化改革能够实现新突破、取得新成就，和各级领导干部认真

---

① 习近平：《加快建设社会主义法治国家》，《求是》2015年第1期。

学习贯彻习近平新时代中国特色社会主义思想，时刻保持"岂可空张一目罗"的自警自省，既登高望远又脚踏实地，以蕴含其中的立场观点方法指导工作具有密切关系。我们要以生动体现辩证思维的这些观点方法为指导，在实践中不断提升辩证思维能力。

（二）坚持问题导向，着力推动解决突出矛盾

习近平总书记指出："学习不是背教条、背语录，而是要用以解决实际问题。"① "问题是事物矛盾的表现形式，我们强调增强问题意识、坚持问题导向，就是承认矛盾的普遍性、客观性，就是要善于把发现和认识矛盾作为打开工作局面的突破口。"② 当前，我国已经进入发展关键期、改革攻坚期、矛盾凸显期，面临的矛盾更加复杂。这就要求我们对各种矛盾做到心中有数，把握好主要矛盾和次要矛盾的关系、矛盾的主要方面和次要方面的关系，抓住牵动面广、触及层厚、耦合性强的深层次矛盾，从而带动重大问题的解决。

1. 承认矛盾，正视问题

习近平总书记指出，"我们党领导人民干革命、搞建设、抓改革，从来都是为了解决中国的现实问题"，"对待矛盾的正确态度，应该是直面矛盾"③。

党的十八大以来，国内外环境发生了极为广泛而深刻的变化，我国发展面临一系列突出矛盾和挑战，前进道路上还有不少困难和问题。比如实践中遇到的新问题，改革发展稳定存在的深层次问题、人民群众急难愁盼问题、国际变局中的重大问题、党的建设面临的突出问题。不正

---

① 中共中央文献研究室编：《习近平关于全面建成小康社会论述摘编》，中央文献出版社2016年版，第192页。
② 中共中央宣传部编：《习近平新时代中国特色社会主义思想学习纲要（2023年版）》，学习出版社、人民出版社2023年版，第300页。
③ 中共中央文献研究室编：《习近平关于协调推进"四个全面"战略布局论述摘编》，中央文献出版社2015年版，第87页。

视这些矛盾，不认清这些问题，就难以找到症结和关键所在，难以破解矛盾、解决矛盾，更难以推动改革发展顺利推进。2015年1月23日，在主持十八届中央政治局第二十次集体学习时，习近平总书记指出：党的十八大之后，我们强调不能简单以国内生产总值增长率论英雄，提出加快转变经济发展方式、调整经济结构，提出化解产能过剩，提出全面深化改革、全面依法治国，提出加强生态文明建设，等等，都是针对一些牵动面广、耦合性强的深层次矛盾去的。当前，我国发展的外部环境急剧变化，尤其是以美国为首的西方国家对我国实施全方位的遏制、围堵、打压，给我国发展带来前所未有的严峻挑战。在此背景下，如何维护我国产业链、供应链安全稳定发展，也是我们必须面对的问题。2020年，习近平总书记在浙江考察时发现，在疫情冲击下全球产业链供应链发生局部断裂，直接影响到我国国内经济循环。当地不少企业需要的国外原材料进不来、海外人员来不了、货物出不去，不得不停工停产。习近平总书记说："我感觉到，现在的形势已经很不一样了，大进大出的环境条件已经变化，必须根据新的形势提出引领发展的新思路。"回京后不久，在中央财经委员会第七次会议上，习近平总书记鲜明提出：构建以国内大循环为主体、国内国际双循环相互促进的新发展格局。在党的二十大报告中，"加快构建新发展格局，着力推动高质量发展"单独成章。可见，发现问题、直面问题，才能切实解决问题。发现问题、直面问题需要勇气，更需要智慧。

2. 分析矛盾，抓住关键

坚持矛盾分析方法，注重分析矛盾的共性和个性，把握好"两点论"和"重点论"的统一。习近平新时代中国特色社会主义思想处处体现了"两点论"和"重点论"相统一的辩证法。比如，在全面深化改革上，强调既要加强顶层设计和整体谋划，又要重点突破，协同配合；在处理政府与市场的关系上，强调既要重视市场在资源配置中的决定性作用，又要更好地发挥政府作用；在阐述社会治理时，强调管理的松紧要适度，管得太死和放得太松都不行。在推进"双碳"工作时，习近平总书记强调："既要增强全国一盘棋意识，加强政策措施的衔接协调，确保形成合力；又要充分考虑区域资源分布和产业分工的客观现实，研究确定各地产业结构调整方向和'双碳'行动方案，不搞齐步走、'一刀切'。"[①] 在处理民族交往中遇到的矛盾和问题时，习近平总书记指出，"在日益扩大的民族交往中，各民族群众有一点小磕小碰都是难免的，处理起来要坚持具体问题具体分析。发生一些事件后，是什么事就说什么事，该依什么法就依什么法，不能眉毛胡子一把抓，统统往民族问题上靠"[②]，等等，这都是唯物辩证法的生动体现。

坚持矛盾分析方法，就要遵循矛盾的同一性和斗争性相互连接、相互制约的原理，在分析和解决矛盾时，必须在对立中把握统一，在统一中把握对立。重心和难点在于怎样把握好对立面的统一这一问题上。2023年9月14日，习近平总书记对新时代办公厅工作作出重要指示，强调党委和政府办公厅在党和国家治理体系中居于特殊重要地位、肩负重要职责使命。办公厅工作是为党委和政府中心工作服务的，常常是大事要事交织、急事难事叠加，需要运用辩证思维，把握工作规律。首先，要把握好大局与小事的对立统一。办公厅工作无小事，每件事都与大局相关，在工作中要正确处理好大局与具体工作的对立统一关系，既要从整体的、全局的角度考虑问题，又要把具体的工作扎扎实实做好，增强工作的整体性和系统性，以实际工作成效推动中心工作的落实。其次，要把握好主要与次要的对立统一。办公厅工作纷繁复杂，涉及方方面面，要分清主次，把握好中心工作和其他工作之间的关系，努力做到既能高奏"主旋律"、又能

---

① 《深入分析推进碳达峰中和工作面临的形势任务　扎扎实实把党中央决策部署落到实处》，《人民日报》2022年1月26日。

② 中共中央文献研究室编：《习近平关于社会主义政治建设论述摘编》，中央文献出版社2017年版，第165页。

弹好"协奏曲"。最后，把握好质量和效率的关系。办公厅工作临时性、突发性任务多，需要不断强化效率意识、时间观念；同时，不能被动应付，切忌"囫囵吞枣""差不多""一般化"，而要坚持精益求精，做到周全细致。

3. 解决矛盾，趋利避害

领导干部不仅要具有解决具体问题的能力，更要有将具体问题上升为一般原则、将实际问题上升为理论问题的能力。这样才能从思想和理论高度为解决更多更普遍问题提供指导。

党的十八大以来，以习近平同志为核心的党中央围绕实现中华民族伟大复兴这一总体战略目标，在经济、政治、文化、社会、生态文明、党的建设以及外交国防等方面进行了一系列的战略部署和战略实践，形成了系统战略路线图。针对发展中的突出矛盾和问题，我们运用唯物辩证法，在全面比较国内外发展现状和深刻总结国内外发展经验教训的基础上，提出新发展理念。习近平总书记深刻指出："新发展理念的提出，是对辩证法的运用；新发展理念的实施，离不开辩证法的指导。"① 面临新形势新任务，我们提出构建新发展格局。构建新发展格局是事关全局的系统性、深层次变革，是立足当前、着眼长远的战略谋划。只有将新发展阶段、新发展理念、新发展格局切实贯穿到我国改革开放和社会主义现代化建设的实践过程中，我们才能在权衡利弊中趋利避害，在解决矛盾中推动社会经济实现高质量发展。

今天，任何一项重大的社会政策，都需要多学科的参与，不同专家从不同领域思考同一个问题，才能全面掌握信息，达到最佳目的。当前，跨学科合作、复杂性研究无论在国内还是国外都引起了广泛关注。米切尔·沃尔德罗普在其著作《复杂：诞生于秩序与混沌边缘的科学》中介绍了复

---

① 习近平：《在省部级主要领导干部学习贯彻党的十八届五中全会精神专题研讨班上的讲话》，人民出版社2016年版，第37页。

杂性研究，他指出：在花了三百年的时间把所有的东西拆解成分子、原子、核子和夸克后，他们最终像是在开始把这个程序重新颠倒过来。他们开始研究这些东西是如何融合在一起，形成一个复杂的整体，而不再把它们拆解为尽可能简单的东西来分析。国内最早明确提出和创建系统学的是钱学森先生，比世界知名的复杂性科学研究中心圣菲研究所的出现还要早。目前，我国多个复杂系统、复杂网络等的研究已经活跃在国际前沿。复杂性科学研究背后的思维方式是曲线思维、多维思维、开放思维，和辩证思维具有共同性，这给我们很多启发。领导干部在解决复杂问题时，要运用辩证思维，既要全面分析矛盾，又要把外界的多样无序的信息整合为逻辑清晰、条理清楚的思维结构，这样才能既抓住要点又能注意相关因素，既能关注全局又能准确严谨处理好细节，从而才能较好地解决问题。

（三）坚持实事求是，力求做到知行合一

习近平总书记指出："实事求是，是马克思主义的根本观点，是中国共产党人认识世界、改造世界的根本要求，是我们党的基本思想方法、工作方法、领导方法。不论过去、现在和将来，我们都要坚持一切从实际出发，理论联系实际，在实践中检验真理和发展真理。"[①] 坚持实事求是，还要做到知行统一。习近平总书记在 2021 年秋季学期中央党校（国家行政学院）中青年干部培训班开班式上发表重要讲话强调：坚持在干中学、学中干是领导干部成长成才的必由之路。同样是实践，是不是真正上心用心，是不是善于总结思考，收获大小、提高快慢是不一样的。这就要求领导干部要学以致用，在实践中不断摸索规律、总结经验。

1. 坚持实践观点，注重理论与实践结合

实践观点是马克思主义哲学的核心观点。辩证唯物论最根本的内容在

[①] 习近平：《在纪念毛泽东同志诞辰 120 周年座谈会上的讲话》，人民出版社 2013 年版，第 15 页。

于唯物论。唯物论是中国共产党人理论思维的第一原理。人们的认识需要通过不断的实践完成，认识的正确性必须通过实践检验。

坚持唯物论，还要做到理论学习与落实工作相统一。"人在事上练，刀在石上磨。"习近平总书记明确强调领导干部要"坚持知行合一、真抓实干，做实干家"①，要求各级领导干部要发扬钉钉子的精神，坚持一张蓝图绘到底，坚持"一分部署，九分落实"，切实把工作落到实处，作出经得起实践、人民、历史检验的实绩。现实中，我们也存在理论学习不深不透、不懂装懂的现象，所谓的"知"都不是"真知"；也存在对理论不屑一顾，认为干好工作是唯一的，且无论事中还是事后都不善于总结自己的工作经验的现象，从而无法从实际工作中获得真正的"知"。这既需要在思想认知方面作出改变，也需要在实践活动方面作出改变。

2. 坚持实事求是，加强调查研究

坚持实事求是，就要把握、分析和洞察"实事"，最根本的方法就是调查研究。毛泽东同志提出："凡是忧愁没有办法的时候，就去调查研究。"在调查研究中，由于立场、观点、方法不同，理论思维的水平和能力不同，其调研结果可能是截然相反的。毛泽东同志强调不做调查没有发言权，不做正确的调查同样没有发言权。我们熟悉的"眼睛向下""有的放矢""亲自出马""解剖麻雀"，在调查基础上进行"去粗取精、去伪存真、由此及彼、由表及里"的"研究"，都是把辩证唯物主义基本原理和方法运用于调查研究的生动体现。习近平总书记在此基础上又有了新的发展。为了避免调查研究的片面性，强调调查研究要看"后院和角落"，不要只看"花瓶和盆景"。在一次全国两会"下团组"时，习近平总书记说：我如果光是看好地方，就难免乐观，感觉指日可待，就会作出错误决策。不要文过饰非，不要因为我们看了心情沉重就遮遮掩掩。信息时代给我们提出了创

---

① 《在常学常新中加强理论修养　在知行合一中主动担当作为》，《人民日报》2019年3月2日。

新调研形式的新要求。党的十九届五中全会召开前夕,一场史无前例的网上意见征求活动引起广泛关注。习近平总书记指出:"网民来自老百姓,老百姓上了网,民意也就上了网。群众在哪儿,我们的领导干部就要到哪儿去,不然怎么联系群众呢?"[①]坚持走好网上群众路线,正一步步转化为新时代调查研究的生动实践。调查研究不仅是一种工作方法,同时也是一种工作制度和惯例。正是在坚持问题导向、深入调查研究的基础上,以习近平同志为核心的党中央提出一系列治国理政新理念新思想新战略,指导党和国家事业取得历史性成就、发生历史性变革。

3. 坚持交换比较反复的辩证法,提高科学决策和执行能力

在 2021 年秋季学期中央党校(国家行政学院)中青年干部培训班开班式上,习近平总书记强调,要用好交换、比较、反复的方法,重视听取各方面意见包括少数人的意见、反对的意见。陈云同志把马克思主义哲学方法论的关键要求概括为一句话:不唯上、不唯书、只唯实,交换、比较、反复。前九个字,是唯物论,后六个字是辩证法,合起来就是唯物辩证法。领导干部要提高辩证思维能力,应注重运用好交换、比较、反复的方法。

交换,就是要互相交换正反两方面的意见,以求了解事物的全面情况。陈云同志提出:"过去我们犯过不少错误,究其原因,最重要的一点,就是看问题有片面性,把片面的实际当成全面的实际。作为一个领导干部,经常注意同别人交换意见,尤其是多倾听反面的意见,只有好处,没有坏处。"[②] 他认为,"事物是很复杂的,要想得到比较全面的正确的了解,那就必须听取各种不同的意见,经过周密的分析,把它集中起来"。通过交换意见,"本来是片面的看法,就可以逐渐全面起来;本来不太清楚的事物,就可以逐渐明白起来;本来意见有分歧的问题,就可以逐渐一致起来"。

---

① 习近平:《在网络安全和信息化工作座谈会上的讲话》,人民出版社 2016 年版,第 7 页。
② 中共中央文献研究室编:《十三大以来重要文献选编(中)》,人民出版社 1991 年版,第 882 页。

比较，就是对比地研究事物的异同。陈云同志指出："研究问题，制定政策，决定计划，要把各种方案拿来比较。在比较的时候，不但要和现行的作比较，和过去的作比较，还要和外国的作比较。这样进行多方面的比较，可以把情况弄得更清楚，判断得更准确。多比较，只有好处，没有坏处。"①"所有正确的分析，都是经过比较的。这是'试金石'的方法。"②

反复，是指决定问题不要太匆忙，要留一个反复考虑的时间。陈云同志指出："作了比较以后，不要马上决定问题，还要进行反复考虑。对于有些问题的决定，当时看来是正确的，但是过了一个时期就可能发现不正确，或者不完全正确。因此，决定问题不要太匆忙，要留一个反复考虑的时间，最好过一个时候再看看，然后再作出决定。"③

1953年，我国进入大规模经济建设的第一年。工业、城镇和工矿业的发展，加剧了对粮食的需求。而小农经济提高粮食产量的能力有限，余粮户又有待价惜售的心理，再加上私人粮商的投机倒把等因素，导致一些地区的粮食出现脱销，甚至连北京、天津都出现了面粉不够供应的状况。陈云同志受命中央，主持研究制定粮食政策。他经过反复比较，终于下决心提出在农村征购、在城市配售的解决粮食问题的办法。1953年10月10日，在全国粮食会上，陈云把他解决粮食问题的八种方案提出来供大家讨论。薄一波在谈到中央对粮食统购统销的决策问题时说："党的决策工作，是一门很大的学问。今天我们仍不能说对这门学问已学习和掌握得很好了。但是，我觉得当年党中央对粮食统购统销政策的制定，却为我们立足实际，正确地进行决策提供了一个范例……从决策方法上说，不仅提出了八种方案和办法，而且条分缕析，反复论证，反复比较，论证可行性，比较得与失，最后确定统购统销为可行政策之后，还要陈述利弊，指明利是什么，

---

① 《陈云文选》第三卷，人民出版社1995年版，第189页。
② 同①，第47页。
③ 同①，第189页。

弊在哪里，让大家思想上早作准备。确实是既唯物又辩证。"① 这就说明作决策一定要极其严谨，必须运用反复比较的辩证方法才能经得起实践检验。

有了科学决策，要知行合一还必须做到更好地执行决策。在这一方面，也需要我们运用好辩证法。1943年，毛泽东同志在《关于领导方法的若干问题》中说："我们共产党人无论进行何项工作，有两个方法是必须采用的，一是一般和个别相结合，二是领导和群众相结合。"关于第一个"结合"，毛泽东同志说："任何工作任务，如果没有一般的普遍的号召，就不能动员广大群众行动起来。但如果只限于一般号召，而领导人员没有具体地直接地从若干组织将所号召的工作深入实施，突破一点，取得经验，然后利用这种经验去指导其他单位，就无法考验自己提出的一般号召是否正确，也无法充实一般号召的内容，就有使一般号召归于落空的危险。"② 这个方法常常用来执行政策和完善政策。比如，我们工作中的典型调查法、试点法、分类指导方法都是这个方法的一种运用。此外，任何工作要落实落地，都离不开群众的支持、参与、配合。这就要运用好毛泽东同志提出的"领导和群众相结合"。在他看来，执行任何工作都需要领导带头组织和发动群众。没有群众的领导是"空洞的"，而没有领导的群众是"盲目的"。现实中我们难以组织群众，出现了"干部做，群众看"的问题，需要我们反思在决策过程中是否坚持了人民立场，是否运用了科学的方法。

辩证思维能力是在长期的学习、生活和工作实践中逐渐形成的。这就要求党员干部不仅要学习经典，更要善于把学习的知识转化为科学的世界观和方法论，转化为执政本领。面对复杂多样的矛盾，党员干部要善于运用辩证思维，努力使自己的思维更全面、更立体、更深刻、更有远见，不断提高正确分析问题、解决问题的能力。

---

① 薄一波：《若干重大决策与事件的回顾（修订本）》上卷，人民出版社1997年版，第275页。

② 《毛泽东选集》第三卷，人民出版社1991年版，第897页。

提高系统思维能力

提高系统思维能力

系统、系统思维、系统观念、系统工程是党的十八大以来习近平总书记讲话中使用频次极高的关键词。早在2012年12月十八届中央政治局第二次集体学习时他就指出，改革开放是一个系统工程，必须坚持全面改革，在各项改革协同配合中推进。此后，习近平总书记对于各领域的改革都重点从系统工程视角深刻论述。比如，习近平总书记指出"深化党和国家机构改革是一个系统工程""收入分配制度改革是一项十分艰巨复杂的系统工程""户籍制度改革是一项十分复杂的系统工程"等。同时，习近平总书记还特别指出，城市工作、环境治理、构建推动经济高质量发展的体制机制、京津冀协同发展、加快实施自由贸易区战略、实施创新驱动发展战略、知识产权保护、转变政府职能、构建中国特色哲学社会科学等，同样都是系统性工程。总之，习近平总书记把很多事物及工作都作为一个系统来认识，始终坚持运用系统思维分析问题、研究工作、提出思路、促进改革、推动发展。

习近平总书记多次明确提出要用系统思维解决现实问题。2015年12月，他在中央城市工作会议上指出，城市工作要树立系统思维，从构成城市诸多要素、结构、功能等方面入手，对事关城市发展的重大问题进行深入研究和周密部署，系统推进各方面工作。2016年1月，他在推动长江经济带发展座谈会上指出，要增强系统思维，统筹各地改革发展、各项区际政策、各领域建设、各种资源要素，使沿江各省市协同作用更明显。2017年9月，他在中央军民融合发展委员会第二次全体会议上指出，推动军民融合发展是一个系统工程，要善于运用系统科学、系统思维、系统方法研究解决问题。2019年9月，他在黄河流域生态保护和高质量发展座谈会上指出，要坚持辩证思维、系统思维，把相关问题研究深研究透，不能单打一、想当然。2021年9月，他在十九届中央政治局就加强我国生物安全建设进行第三十二次集体学习时指出，要强化系统治理和全链条防控，坚持系统思维，科学施策，统筹谋划，抓好全链条治理。

进入新时代以来，习近平总书记不仅自己高度重视系统思维，并娴熟运用于对问题及工作的分析研究，而且反复强调要求广大党员干部要树立系统思维，运用系统思维分析解决实际问题。党的二十大报告全文出现"系统"这一关键词18次，强调系统观念是具有基础性的思想和工作方法，明确指出"必须坚持系统观念"是习近平新时代中国特色社会主义思想的世界观和方法论的重要内容之一，强调万事万物是相互联系、相互依存的。只有用普遍联系的、全面系统的、发展变化的观点观察事物，才能把握事物发展规律。2023年5月17日在听取陕西省委、省政府工作汇报时，习近平总书记强调要切实提高的七个思维能力，其中第三个就是系统思维能力。这就迫切要求各级领导干部提升系统思维能力，在推进全面建设社会主义现代化国家的伟大新征程中有整体大局观和统筹协调意识，用系统的方法思考和研究问题，用系统思维探寻事物发展的本质规律，妥善处理各种重大关系。

一、系统思维的科学内涵和本质

（一）系统思维的科学内涵

什么是系统思维？系统思维的内涵和本质到底是什么？对系统思维的把握，前提是完整准确地理解"系统"概念。那什么是系统呢？我们先来看一个著名的哲学悖论——"忒修斯悖论"，这是由罗马帝国时期一个叫普鲁塔克的哲学家提出的。他说，忒修斯是古希腊的大英雄，他有一艘船，可以在海上航行几百年。船体如果有木板腐烂了，会被马上替换掉，久而久之，这艘船上所有的木板都重新被换过了一遍。那么问题来了：这艘忒修斯之船，还是原来那艘吗？如果是同一艘船，它和原来的船又有哪些共同之处？如果不是同一艘船，那么它是从什么时候开始不再是原来的船，是在更换第一块木板之时，还是在更换了所有木板之后？哲学家为此争论不休，有的说是，有的说不是。这个问题便被称为"忒修斯悖论"。"忒修斯悖论"实际上问的是，一个物体是不是等于组成它的各个部分的总和？如果答案是肯定的，那么当船上所有木板都被更新了，这艘船当然也就是新的了。但是，直觉会告诉我们，不对，这艘船明明还是原来那艘船。就像我们的身体，每隔7年，所有的细胞都会更新一次，难道我们就不是我们自己了吗？还有我们的单位，工作人员每隔20年就换一轮，下属和领导也在换，地址也可能搬迁了，但单位依然是单位。也就是说，我们凭直觉知道，一个事物往往并不等同于组成它的各个部分的简单加和。那么，它到底等于什么呢？

如果从系统的概念出发，这个问题就很好回答。按照一般系统论创始人奥地利生物学家路德维希·冯·贝塔朗菲的定义："系统是相互联系相互作用的诸元素的综合体。"① 后来，著名学者德内拉·梅多斯进一步界定认为，系统并不仅仅是一些事物的简单集合，而是一个由一组相互连接的要素构成的、能够实现某个目标的整体②。实际上，无论是一艘船、一个单位，还是一个复杂社会，都是一个系统。由此，我们可以从三个方面完整准确地理解系统的概念，即要素、内在连接方式、功能或目标。首先，系统是由若干要素或部分组成的。这些要素可能是一些个体、元件、零件，也可能其本身就是一个系统（或称为子系统）。组成要素是一个系统最明显的部分。当我们看一个系统时，往往会首先注意到系统的要素。当然，系统要素并不一定是有形的事物，也可以是无形的事物。其次，系统内部各要素之间具有相对稳定的连接方式。要素可以随时调换，但连接关系通常是不变的。再次，系统有一定的功能或目标。系统的功能目标是系统与外

---

① 苗东升：《系统科学精要（第2版）》，中国人民大学出版社2006年版，第2页。
② 参见德内拉·梅多斯：《系统之美：决策者的系统思考》，邱昭良译，浙江人民出版社2012年版。

部环境相互联系和相互作用中表现出来的性质和能力。目标是决定系统行为的关键因素。对于一个系统来说，要素、内在连接方式、功能或目标是必不可少的。

实际上，对于一个系统来说，改变要素对系统的影响往往是比较小的，虽然很多要素是必须具备的，但它们常常是可替换的。比如，正所谓"铁打的营盘流水的兵"，一个单位有退休的、有新入职的，一茬接一茬，哪怕是盖个新楼，要素都可以换，而单位还是这个单位，系统还是这个系统；如果改变要素之间的连接方式，那么系统就会发生显著的变化。比如，军队有严密的上下级组织结构，创新型企业有扁平化组织结构，若二者调换组织连接方式，系统就无法正常发挥作用。比如，同样是100个人，有严明的纪律和上下级关系，就是一支军队，如果没有纪律约束，就没有战斗力，就是乌合之众。功能目标的变化则会极大地改变一个系统。比如，一支足球队是一个系统，它包括教练、球员、领队、场地、足球等要素，这些要素之间需要通过比赛规则、教练指导、球员管理等一系列的规则进行相互链接和相互作用，这个足球队系统的功能或目标可以是娱乐、赢球、健身、赚钱等。不同的目标会决定系统有不同的行为方式。有时候，组成系统的各个要素的目标和系统的总目标是不一致的，而目标冲突，系统运行往往就会出问题。要把这些目标协调好，系统才能良好运行。

由对系统概念的分析，我们可以看到，系统具有鲜明的整体性、关联性、结构性、动态性等特征。系统的整体性就是要素或子系统层次上没有的性质在系统层次上的凸显。正如亚里士多德所说的"整体不等于各个孤立部分的总和"[1]，贝塔朗菲所说的"整体大于它的各部分的总和"[2]，马克思在《经济学手稿》中转引的"如果我们把数学上整体等于它各部分

---

[1] 中国辩证唯物主义研究会编：《系统科学的哲学探讨》，中国人民大学出版社1988年版，第42页。

[2] 黄金南等：《系统哲学》，东方出版社1992年版，第26页。

的总和这一原理应用于我们的主题上，那就是错误的"①。这都是在讲系统的整体性原理。系统既有外在的整体性，也有内在的机制以保持其整体性。这种内在机制就是系统关联性、结构性的鲜明体现。

系统思维是事物的系统性在人的思维观念中的反映，就是把认识对象作为一个系统来考察，从要素和要素、要素和系统、系统和环境的相互联系和相互作用中，综合地、整体地考察认识对象的一种思维形式。也就是说，系统思维就是运用系统概念和系统科学理论从系统视角认识对象、整理思想、提出问题解决方案的思维方式。换言之，就是把认识对象作为系统，从要素和要素、要素和系统、系统和环境的相互联系、相互作用中综合地考察认识对象。系统概念最初诞生于自然科学领域，系统思维最初也主要应用于现代科学技术实践，特别是现代科学理论"系统论"的出现，彻底改变了世界的科学图景和当代科学家的思维方式，使原来强调的实体思维方式逐渐凸显为当今的系统思维方式。随着系统思维的普适性被充分认识，系统思维越来越被广泛地应用于社会领域，而且在社会管理、社会组织、社会协调、领导决策等诸多方面发挥着越来越大的作用。

系统观念是以系统思维为出发点，立足整体视域把握事物发展规律、通过系统思维分析事物内在机制、运用系统方法处理事物发展矛盾的基础思想和工作方法。系统观念的思想方法集中体现为系统思维。坚持系统思维要求我们面对事物要着眼整体、关注结构、保持开放、面对复杂，科学把握其作为进行分析与综合思维工具所蕴含的丰富内涵和所彰显的鲜明辩证品格。相较于其他思维方法，系统思维呈现整体性、结构性、非线性、开放性等特点，它是一种整体性思维、结构性思维、开放性思维、复杂性思维。

（二）系统思维的本质

系统思维本质上是马克思主义世界观方法论在思维方式上的一种具体

---

① 《马克思恩格斯全集》第四十七卷，人民出版社1979年版，第296页。

展开，是辩证唯物主义基本原理的固有之义，也是对唯物辩证法的丰富发展。通过科学揭示系统存在、系统特性、系统关系及其内在规律认识系统和优化系统，使系统思维在辩证唯物主义中取得了哲学表达形式。

马克思主义世界观和方法论，是我们认识世界和改造世界的思维方式和理论基础。马克思主义认为，客观世界不同领域的历史性联系和系统性联系已经成为一个不争的事实，系统的物质观也就透过种种复杂的现象而清楚地展现出来。在系统的物质观确立的基础上，系统思维的方法论也在辩证唯物主义方法论基础上逐步确立并发挥巨大作用。系统论的整体性、结构性、层次性、开放性和辩证唯物主义普遍联系观点、发展变化观点、矛盾运动观点等在基本原理上是具有内在一致性的。系统论和系统思维是在唯物辩证法的科学世界观和方法论基础上生成的一种重要的科学理论和科学思维方法。

系统思维方法并不仅仅停留在一般地承认普遍联系这个唯物辩证法的原则上，而是进一步深入揭示了联系的多种类型及其实质，揭示了事物内部的作用动力和作用机制，在很多方面都深化并丰富和发展了唯物辩证法，对唯物辩证法提出了很多新问题，从而开辟了唯物辩证法的新境界。

二、系统思维赋能的内在依据

提高系统思维能力对于领导干部而言尤其重要。系统思维能够赋能领导干部提升工作能力，主要有以下依据。

（一）客观依据：系统是万事万物的存在方式

系统无处不在，系统是万事万物的存在方式。在宇宙间，从基本粒子到河外星系，从人类社会到人的思维，从无机界到有机界，从自然科学到社会科学，系统是普遍存在的。生活中无数的例子可以方便我们理解，比如，20世纪的自然科学在实证的意义上的观测表明，我们所面对的宇宙是一个处于演化之中的巨大系统。生命系统是一个从无序到有序、从非生命到生命、从简单到复杂、从低级到高级不断进化的复杂系统。精神也是自然界物质系统发展的产物，也有它发生发展的自组织过程。随着人们对人和自然关系的理解和觉醒，生态系统概念受到越来越多的重视，并得到更广泛的运用，获得更丰富的内涵。而社会更是一个开放复杂的巨大系统，既有社会关系的总体性，又包括经济、政治、文化、意识形态等子系统以及动力、协调、反馈等各种机制。可以说从宇宙、生命、生态到精神、社会都是以系统方式存在的。坚持运用系统思维认识把握客观世界，才能更加理性客观和全面地看懂这个世界，才能更加准确把握万事万物的内在本质，才能提升自己的认知水平，从而在这个快速变化的时代，正确把握趋势和规律。

与系统思维相对，非系统思维本质上是以还原论为基础的。所谓还原论，就是相信客观世界是既定的，它由所谓"宇宙之砖"的基本层次构成，把研究对象还原到那个基本层次，搞清楚最小组分即"宇宙之砖"的性质，一切高层次的问题就全部解决了。非系统的传统思维把事物当作尽可能彼此孤立的部分的总和，习惯上把被研究对象从环境中独立出来，然后将其分成若干部分，通过对部分的深入研究，把复杂对象的行为定义为各部分特性的简单相加，也就是采用"简单分解，简单相加"的办法。按照这种思维方法，在处理问题时，先把研究对象从环境中独立出来，再分解成若干无关联的部分，单独对其进行深入、细致的研究，最后把研究的结果汇总，总结出研究对象的总体特性。这种以还原论为指导思想、以还原方法为手段、以局部为基点的研究问题的方法是片面的，有时甚至是错误的。其原因就在于它忽视了整体与环境的关系，忽视了各组成部分之间的联系，忽视了部分与整体的差别，缺乏综合、缺乏系统。

比如，盲人摸象这个例子，就说明了一个人缺乏系统思维的典型表现。

要想让自己拥有系统思维，就要克服我们思维上的非系统表现，最主要的是要克服只看局部不看整体、只看眼前不看变化、只看结果不看原因的思维倾向。

（二）历史依据：系统思维是取得成功的宝贵经验

历史告诉我们，党在领导中国革命、建设和改革的进程中，一条成功的经验、一个优良的传统就是始终坚持系统观念，善于运用系统思维。

新民主主义革命时期，以毛泽东同志为主要代表的中国共产党人坚持运用系统思维认识、把握中国革命的一系列重大问题，创立了毛泽东思想。在《中国革命战争的战略问题》一书中，毛泽东同志指出："因为懂得了全局性的东西，就更会使用局部性的东西，因为局部性的东西是隶属于全局性的东西的。"[1] 在《矛盾论》中，毛泽东同志强调中国共产党人"不但要研究每一个大系统的物质运动形式的特殊的矛盾性及其所规定的本质，而且要研究每一个物质运动形式在其发展长途中的每一个过程的特殊的矛盾及其本质"[2]。在社会主义革命和建设时期，毛泽东同志特别讲到"统筹兼顾，各得其所"，这是我们历来的方针。1957年，毛泽东同志在《省市自治区党委书记会议上的讲话》中正式将"统筹兼顾"上升至建设社会主义的战略方针："所有这些，都是统筹兼顾。这是一个什么方针呢？就是调动一切积极力量，为了建设社会主义。这是一个战略方针。实行这样一个方针比较好，乱子出得比较少。这种统筹兼顾的思想，要向大家说清楚。"[3] 他在《论十大关系》和《关于正确处理人民内部矛盾的问题》等著作中，从系统思维出发全面阐述应把握好的重大关系，深入分析中国社会矛盾的变化，有力推动了社会主义建设。

---

[1] 《毛泽东选集》第一卷，人民出版社1991年版，第175页。
[2] 同[1]，第310页。
[3] 《毛泽东文集》第七卷，人民出版社1999年版，第187页。

党的十一届三中全会后，以邓小平同志为主要代表的中国共产党人创立了邓小平理论，用系统思维认识和把握改革开放大局，探索中国特色社会主义建设规律。邓小平同志指出："要提倡顾全大局。有些事从局部看可行，从大局看不可行；有些事从局部看不可行，从大局看可行。归根到底要顾全大局。"[①] 在处理具体问题的过程中，他始终强调要用系统的思想方法处理改革、发展、稳定之间的关系，处理东西部之间、沿海与内陆之间、先富与共富之间的关系。以江泽民同志为主要代表的中国共产党人运用系统思维提出推进社会主义现代化建设必须处理好12个带有全局性的重大关系。以胡锦涛同志为主要代表的中国共产党人形成了以人为本、全面协调可持续发展的科学发展观。这些都充分体现了系统的思想方法和工作方法。

（三）现实依据：系统思维是应对复杂局面的必然要求

在中国特色社会主义进入新时代的今天，在全球经济交往密切发展、科学技术不断提升以及数字经济迅猛发展的当代，世界各国之间的联系交往越来越紧密，与此同时，国内各个地区、各个领域之间的紧密程度也不断加强。在经济社会发展的过程中，要顺势而谋、顺势而为，这就需要我们用一种系统观念和系统思维把握各个地区、各个部门、各个要素之间的相互关系、相互作用，在注重各要素自身作用发挥的同时，要更加注重协同性、整体性和全局性。

从国内发展来看，随着社会主义事业不断推进，现代化建设实践不断丰富，面临的形势和任务、要解决的问题都会呈现多样性和复杂性的特点。面对新形势、新任务，我们要自觉运用且善于运用系统观念、系统思维解决新问题新情况。比如，发展不平衡不充分问题仍然突出，改革任务仍然繁重艰巨，社会治理还有弱项要补。从国际形势来看，国际环境日益复杂

---

① 《邓小平文选》第二卷，人民出版社1994年版，第82页。

多变，百年未有之大变局加速演进，特别是新冠疫情的暴发，更是让世界各国人民深刻地感受到了人类命运共同体理念的重要性。因此，我们要全面理解正确把握"两个大局"，立足国内发展现状，把握历史发展规律，坚持系统观念，运用系统思维，把解决国内经济社会发展问题放到世界经济发展的大势中进行考量、解决。

对领导干部来讲，其岗位职能具有极强的战略复杂性。领导工作侧重于重大战略方针的决策和对人、事的统筹，强调通过与下属的沟通、激励和协调实现组织目标。多元化大变局新时代的到来，让社会形势变得更加难以把握、内部构造和发展趋向更加复杂多变。领导干部必须不断提升系统思维能力，不断强化综合思维能力和整体分析能力，在分析的基础上综合，在综合的前提下分析，才能够不断适应复杂多变的社会形势，从而更加有效地进行自我能力提升并引领社会发展。

三、提高系统思维能力的方法路径

提高系统思维能力，关键在于把认识对象当作系统看，自觉学习和运用系统科学原理分析思考问题，学会整体性思考、关联性思考、结构性思考、自为性思考、前瞻性思考、开放性思考等。

（一）注重系统的整体性原理，恰当划定边界全局思考

整体性原理是系统思维方式的核心，系统思维要求自觉地从整体上认识和解决问题。这一原理要求人们无论干什么事都要立足整体，从整体与部分、整体与环境的相互作用过程来认识和把握整体。与此相反，非系统思维则表现为心目中没有对象整体性的位置，思维活动关注的焦点是某个局部或片段而非整体。每一个系统都有其整体的结构、整体的边界、整体的特性、整体的功能、整体的需求、整体的发展、整体的运行状态、整体

的行为模式、整体的空间占有、整体的时间展开、整体的未来走向、整体与其他系统的相互作用，等等。在认识分析事物时，如果思维活动聚焦于这些方面，就是在使用系统的整体性思维。但是，如果我们试着去理解某一件事，就必须将其简化，不可能所谓的整体是"无限大"，我们不可能在"无限大"的整体范围内思考问题、认识事物，这也就意味着我们思考问题必须设定边界。但对于系统思考者来说，认识和把握系统的边界是一个很难的课题。因为在系统中，往往并不存在一个明确的、清晰的、划定的边界，而是要根据我们自己的认识需要和实际情况划定，要按照特定的目标、任务、问题相对地划分。通常在较为复杂的情况下，准确界定什么是思考分析的对象系统，应当围绕多大范围分析考虑问题，并非易事。若是把系统边界划大了，某些本来不属于该系统的事物也划进来，某些外在联系被当成系统内在联系保留下来，那么在逻辑上就要犯扩大论题的错误；若是把对象系统划小了，有些必不可少的要素和内在联系被排除在外，那么在逻辑上就要犯缩小论题的错误。围绕一项具体工作任务想得太宽，将一切联系的事物都包罗进去，把整个客观世界都作为对象系统，那就肯定会大而无当；相反，若是只看到系统的某些要素或某个子系统，那事实上就已退化成一种非系统思维了。

首先，要正确分析划定系统的内部要素边界。毛泽东同志指出，要正确认识和解决问题，必须抓住"全部基本要素，不是残缺不全的片段"。对于系统而言，其内部往往包含着多种要素，要想从整体上提升领导干部的思维能力，就要清晰地认识各个系统要素，从而更好地把握工作重点和要点，这对不断提升工作质量和工作效果具有重要作用。在具体的工作实践中，系统要素可以分成关键要素和一般要素、可控成分和不可控成分。比如，要善于考虑到可以支配和控制的人力财力等要素，还有不可控制的现实环境和社会局势要素，分清这些要素性质以不断提升系统化的分析能力。另外，还要特别找准认清关键要素。只有将系统要素有效地统一起来分析，才能够不断强化工作质量和工作效果，把握系统细节和各个要素，从而不断提升领导干部的能力。

其次，要正确分析划定系统思考相对于事物系统本身而言的外部边界。每个具体系统都是从普遍联系的客观事物之网中相对划分出来的，一切未被当作系统要素的事物都处于系统之外，它的总和构成系统的外部环境。我们要认识到，系统思考时不仅需要考虑研究对象本身这个系统和系统的内部要素，还必须把它纳入更大的系统中考虑，仅仅做到第一层次系统本身及其要素的思考只是一种不完整的系统思维，同时做到思考系统本身与系统环境才是完整的系统思维。既然外部环境指系统外部一切需要考虑的事物集合，而所谓"需要"具有相对性和模糊性，环境的划分就有个尺度问题。在系统观点日益普及的今天，把自己直接负责的任务作为系统对待比较容易做到。但要把这个系统放在更大系统中思考，从更大系统的总体要求出发来对待自己的直接对象系统，往往不容易做到，有时是缺乏这样做的自觉性，有时是很难确定到底在多大的系统范围内才较为恰当。在大农业、大工业、大商业、大科技、大政治、大文化等日益盛行的全球化时代，恰当划定系统边界进行整体思考更加值得注意。领导者做任何工作，都应通观全局、服从全局，反对本位主义、分散主义，以求达到对全局的最优决策。

案例1　毛泽东的系统整体性思维

在解放战争中，毛泽东同志从来不纠结于一城一地的得失，总是从全国的战局出发考虑问题。1947年3月，胡宗南20多万大军进攻延安。红都延安作为指挥解放军全国战场的中心，有着至关重要的地位和极大的影响力、号召力。毛泽东同志主张果断放弃延安。很多将领士兵不理解，认为延安的丢失会泄了战士们的气。毛泽东同志鼓励大家，要用一个延安换取全中国。延安丢失了，只是给了蒋介石一座空城，而保存了我们自己的有生力量，从而在运动战中大量歼灭敌人的有生力量。延安最终还是会回到我们手里的。你到我这儿来，我到你那儿去。你来打我延安，我跳出你的包围、避开你的锋芒，打到外线去，目标指向你的南京，不落入你的圈套，也就是你打你的、我打我的。最终历史正是按照毛主席的设想进行的。两年以后，人民解放军就占领了南京。如果没有通盘考虑问题，选择死守延安，以当时我们在延安的3万多兵力是无法抵挡20多万大军的。

案例2　城市系统

在《美国大城市的死与生》一书中，作为新闻编辑的雅各布斯突破传统城市规划理论，把城市看作一个有着复杂的结构和丰富多样的功能的系统，他认为城市各功能区之间是相互关联、相互影响的，传统的城市规划理论只是把城市看作纯粹美学意义上的空间设计，像摆积木一样把建筑、街道、公园等摆好，造成了很多美国城市CBD、文化中心成为"干净整洁"的死寂空间。因此，必须避免美国规划城市传统中的弊端，把城市作为一个系统看待，如果仅仅是把城市的不同功能区分割，后果就是"摊大饼"式的城市建设，郊区化蔓延，由此加剧了人们对汽车的依赖，同时也伴随着城市交通、供水供电等一系列问题。作为系统的城市是一个自然、城、人形成的"综合体"，城市既是一个自我组织、自我调节的巨系统，也是一个有机的生命体，必须从城市全部功能的整体性和协同性来把握城市的经济、政治、文化、社会和环境各领域之间的相互联系和相互作用，城市的规划、保护、建设、管理、经营等都服务于人自身的发展。

总之，把认识对象作为系统对待，就是思维在聚焦于研究思考对象的同时，要向下关注构成它的要素，还要向上看到它所从属的更大层次系统，系统划界范围最终取决于分析问题的目的和需要。

（二）注重系统的相关性原理，精准实施统筹兼顾

系统内部各要素之间相互关联、相互作用，共同构成系统的整体。与外部环境有紧密联系的系统叫开放系统，一般系统论涉及的都是开放系统，因为事实上与外界毫无关联的封闭系统是不存在的。一个系统总是要与外界发生物质、能量和信息的交换。无论内部还是外部的相关性，都应该是一种固有的可靠的客观规律性的相关，而不是主观臆想的、随意的相关。所谓客观规律，实际上就是指被揭示出来的某种客观的固有的相关性认识。

领导正确运用系统思维，就必须认识到各种系统内外的相关性，也就是一切从实际出发，尊重并遵循客观规律，从而更好地促进领导工作的顺利实施。换句话说，就是要求我们深入细致地研究系统对象的各种复杂本质联系，把握事物运动变化发展的多种可能性，从而正确地把握系统运动变化发展的趋势与规律。系统思维的这种思考方式，与把事物自身的复杂性联系加以割裂而片面化和简单化的思维方法有根本不同，更与把主观臆想强加于系统对象的主观唯心论和经验主义思维有根本不同。系统思维方式是建立在对系统进行深入分析的科学研究和对系统的相关性规律的充分认识把握基础之上的。

系统思维很重要的就是，要立足客观现实，把握事物发展过程中各种相关性的客观规律。对同一个事物，为什么每个人都会得出不同的结论？一个重要原因就是受主观因素的影响，个人的认知结构、认知能力和认知水平，个人的思维意识习惯等，影响了认识客观事物的某些本质性的相关关系。系统相关关系的客观性是指，关联是客观事物本身所固有的，是不以人的主观意志为转移的。不仅自然界事物之间的联系是客观的，就是人类实践活动创造的社会生活各个领域、各种事物之间的相关也是客观的。因为只有客观的相关才是真实的相关。

作为领导干部要真正科学把握系统相关关系的客观规律，需要做两

方面的努力：一方面要尽量减少主观因素特别是主体局限性对认识客观事物的影响干扰，减少主观臆想的事物与事物之间、事物要素与要素之间的非客观固有联系，尽量客观观察、认识和分析客观情况，同时注意倾听和听取不同观点和不同意见，以弥补自己认识的不足；另一方面要不断扩大和优化自己的认知结构，提升认知能力和认识水平，特别要掌握系统思维方法，以全面、系统、辩证、统筹、协调等思维方式观察、分析客观实际，揭示事物内部、事物与外部环境之间的客观固有联系，这样才有可能做到实事求是，从而提升工作能力，适应现代领导工作需要。

案例1　"双碳"的实现问题

习近平总书记指出，"双碳"目标是一场广泛而深刻的变革，不是轻轻松松就能实现的。我们要提高系统思维能力，把系统观念贯穿"双碳"工作全过程，注重处理好四对关系：一是发展和减排的关系。减排不是减生产力，也不是不排放，而是要走生态优先、绿色低碳发展道路，在经济发展中促进绿色转型、在绿色转型中实现更大发展。要坚持统筹谋划，在降碳的同时确保能源安全、产业链供应链安全、粮食安全，确保群众正常生活。二是整体和局部的关系。既要增强全国一盘棋意识，加强政策措施的衔接协调，确保形成合力；又要充分考虑区域资源分布和产业分工的客观现实，研究确定各地产业结构调整方向和"双碳"行动方案，不搞齐步走、"一刀切"。三是长远目标和短期目标的关系。既要立足当下，一步一个脚印解决具体问题，积小胜为大胜；又要放眼长远，克服急功近利、急于求成的思想，把握好降碳的节奏和力度，实事求是、循序渐进、持续发力。四是政府和市场的关系。要坚持两手发力，推动有为政府和有效市场更好结合，建立健全"双碳"工作激励约束机制。

提高科学思维能力

案例2　推动长江治理和长江经济带发展问题

　　2016年1月、2018年4月、2020年11月、2023年10月，习近平总书记分别在重庆、武汉、南京、南昌召开了四次座谈会，分别是推动长江经济带发展座谈会、深入推动长江经济带发展座谈会、全面推动长江经济带发展座谈会、进一步推动长江经济带高质量发展座谈会。四次座谈会核心主题就是为长江治病、推动长江经济带发展。习近平总书记说：长江病了，病得不轻，要系统治理。要坚持把修复长江生态环境摆在推动长江经济带发展工作的重要位置，坚持共抓大保护，不搞大开发。如何为长江治病，习近平总书记告诉我们两个重要方法：第一，把握关联性，坚持系统治疗，树立全国一盘棋思想。坚持全国一盘棋，系统治疗，长江沿岸省市要把自身发展放到长江协同发展的大局中加以把握，不能各干各的，不能不顾大局。第二，坚持分类施策，实现错位发展、协调发展、有机融合。长江沿岸各个省市、各个部门、各个行业，各有各的特殊性，要分类施策。特别是要立足自身特点，做到错位发展，适合自身特点，有特色、有成效地工作。这就是于协同发展的大局中，以自身的错位发展实现全局的协调发展，从而真正做到为长江治好病。习近平总书记在2016年1月的座谈会上指出，要增强系统思维，统筹各地改革发展、各项区际政策、各领域建设、各种资源要素，使沿江各省市协同作用更明显，促进长江经济带实现上中下游协同发展、东中西部互动合作，把长江经济带建设成为我国生态文明建设的先行示范带、创新驱动带、协调发展带。2020年11月，习近平总书记进而强调，统筹考虑水环境、水生态、水资源、水安全、水文化和岸线等多方面的有机联系，推进长江上中下游、江河湖库、左右岸、干支流协同治理，改善长江生态环境和水域生态功能，提升生态系统质量和稳定性。2023年10月召开的座谈会上，再次强调，坚持把强化区域协同融通作为着力点，沿江省市要坚持省际共商、生态共治、全域共建、发展共享，增强区域交通互联性、政策统一性、规则一致性、执行协同性，稳步推进生态共同体和利益共同体建设,促进区域协调发展。这就是说,习近平总书记一以贯之强调要用系统思维推动长江经济带发展,意在统筹好区域、领域、城乡各方面的因素,实现经济社会的可持续发展。

对于党员干部特别是领导干部来说,只有清晰系统各层次、各要素之间的相关关系,才能精通统筹兼顾的方法论,才能在纷繁复杂的工作中理出头绪,在真抓实干中见到实效。从实际情况来看,有些同志认识上有偏差,认为当前既要全面从严治党又要全面深化改革,既要实施乡村振兴又要推进新旧动能转换,既要加强生态环保又要防范化解社会风险,头绪太多、任务太重,阵脚容易乱。这些认识其实是把工作完全割裂了,这些同志工作起来只会"单打一",认为顾了这头就顾不了那头,这实际上就是缺少系统思考、辩证思维,统筹兼顾的方法用得还不够好,本事还不够硬。大千世界万事万物皆有联系,都是系统。领导干部干工作也是一样的,领导干部抓工作必须学会系统思考、统筹兼顾,只有把各项工作联系起来加以认识,贯通起来抓推进,才能做到纲举目张,才能把工作做实做好,才能让社会主义现代化强国事业行稳致远。在浙江工作时,习近平同志指出,"统筹兼顾是中国共产党的一个科学方法论"①。做到统筹兼顾的关键是利益协调。经济与社会、经济与政治、经济与文化、城乡与区域、人与自然、国内与国外、政府与市场、经济建设与国防建设等重大关系都需统筹考虑。

(三)注重系统的结构功能原理,实现系统协同耦合

系统的结构就是系统内部各组成要素之间在空间和时间方面的相互联系与相互作用的方式或顺序,它是系统保持整体效应及具有一定功能的内在联系。系统与外部环境之间相互联系和作用过程的秩序和能力,称为系

---

① 习近平:《干在实处 走在前列——推进浙江新发展的思考与实践》,中共中央党校出版社2006年版,第25页。

统的功能。在要素一定的情况下，系统的功能通常是由系统内部的结构所决定的，即"系统结构决定系统行为或功能"。系统科学理论告诉我们，每个系统单元只有通过系统的有序结构才能表现自己的性能，对于一切事物系统而言，破坏其结构，就可能会完全破坏系统的总体功能。合理的结构促进系统功能的优化，而不合理的结构造成系统功能的内耗。

从亚里士多德到黑格尔、从恩格斯到列宁，他们都举过如下的例子，长在人肢体上的手是劳动器官，从肢体上割下来的手则不再具备劳动器官的功能。列宁曾转引黑格尔的话指出："身体的各个部分只有在其联系中才是它们本来应当的那样。脱离了身体的手，只是名义上的手。"因此，好的组织结构，一定是一种科学的安排、一种优化的排列组合，而不是简单的罗列堆砌。

案例　快马比慢

1174年，成吉思汗的父亲统治的部落，打了一个胜仗，夺回大片领地和许多牲口。为了庆祝胜利，他特意安排一场赛马，优胜者的标准不同往常，最后到终点的马才能得奖。一句话，比马慢。骑手们想方设法，一个比一个慢，过了好一阵，跑在最前面的马，才行进到赛程的十分之一。眼看夕阳不等人，比赛又难以结束，大家有点儿耐不住。成吉思汗的父亲有些后悔，自己不该别出心裁搞这种赛马，但是，话已出口，金口难改。怎样尽快结束这场僵局呢？成吉思汗的父亲想了一会儿，下令道："谁有办法尽快结束比赛，给予重赏。但是，不能改变原定的优胜条件，跑得慢的马才是胜者。"众人绞尽脑汁，仍然想不出一个万全之策。这时，年仅12岁的成吉思汗，跑到赛马队伍面前，在每一个骑手面前如此这般，进行一番新的安排，然后厉声发出号令，只见骑手们争先恐后纵马向终点狂奔。很快，比赛结束了，跑得最慢的马依然是胜者。原来，成吉思汗让骑手们相互调换坐骑，甲骑乙的马、乙骑丙的马、丙骑丁的马——这样一来，每个骑手都希望自己所骑的别人的马，跑得最快，使自己的马落在最后，从而取胜。这就打破了众骑手踯躅不前的僵局。对调坐骑，利益转换，行为转变的过程，说明系统的结构转变可能引起性质完全不同的系统行为。

作为领导，要认识到系统结构是与系统功能紧密相关的，功能是系统结构的外部表现，结构是系统功能的内部表征。因此，运用系统思维很重要的方面就是要注重通过优化系统结构提升系统功能。整体性原理要求我们观察和处理问题必须着眼于事物的整体，这就要求我们在处理问题、进行决策时立足整体、总揽全局，努力寻求实现整体功能和效益的最佳方案。

对于领导活动实践来说，系统结构优化最重要的方式就是要注重制度优化。对此，邓小平同志曾经指出，"制度好可以使坏人无法任意横行，制度不好可以使好人无法充分做好事，甚至会走向反面"[1]。此话一语道破制度的极端重要性，不同的结构安排对于实践结果的不同效果。从系统视角来看，制度其实就是一种结构安排，一定的制度安排就是代表着一定的权力、利益等结构的安排。因此，要想发挥系统的最佳功能，实现系统的最优化发展，结构优化调整是必经之路，其中制度建设和制度调整是不可或缺的。

从更宏观的角度观察就会发现，要充分发挥制度的功能，还需要构建一个关联的、闭合的、科学的制度系统，这个制度系统中各部分既有分工也有相互关联，不能各部分相互冲突，而应该是相互协调配合，共同发挥作用，缺一不可。结构变化是事物质变的机制，在社会领域中，恩格斯举出了非常生动的例证。对于骑术不精但有纪律的法国骑兵和善于单个格斗但没有纪律的马木留克兵之间的战斗，恩格斯写道："两个马木留克兵绝对能打赢三个法国兵，100个法国兵与100个马木留克兵势均力敌，300个法

---

[1] 《邓小平文选》第二卷，人民出版社1994年版，第333页。

国兵大都能战胜 300 个马木留克兵，而 1000 个法国兵则总能打败 1500 百个马木留克兵。"① 比如，领导干部的工作制度不是单一发挥作用的，它需要财务管理制度、日常办公制度等制度加以配合执行；行政执法工作制度也需要纪检监察工作制度、干部工作纪律制度等制度加以配合约束。作为一个整体，如果各部门的制度互相不能够协调一致，人们在工作中就会感到无所适从。因此，要建立完整统一的制度体系，保证全局的各项制度之间应当协调一致，应当将各个部门制定的内容相似的制度进行统一设置。在制度结构分析中，通常还会将制度结构区分为正式制度结构和非正式制度结构。正式制度结构以权利和产权为核心要素，非正式制度结构则注重习俗和道德的约束效力，这就决定了二者在功能上是互补的且不可替代的。

（四）明晰系统的自组织原理，实现系统开放自主发展

系统科学研究系统的产生、运动、发展规律的一个重要思想就是自组织原理。自组织是指在一定条件下，系统可以自动地由无序走向有序，由低级走向高级。自组织是一个系统在某种内在机制的驱动下，自行从无序向有序、从简单向复杂的方向发展，不断提高自身的复杂程度、精细程度和秩序程度的过程。一般来说，一个系统靠外部指令而形成的组织，就是他组织；而系统按照相互默契的某种规则，不存在外部指令，各尽其责而又自动协调地形成有序结构，就是自组织。自组织现象无论在自然界还是在人类社会中都普遍存在。一个系统的自组织功能越强，其保持和产生新功能的能力也就越强。

系统自组织的内在机制在于系统本身的反馈机制。正反馈能动地推动着系统加速离开原有的状态，自动走向新的状态，是一个自推动性的循环。例如，社会主义经济的"多劳多得"原则，和从它发展出来的效益与收益

---

① 《马克思恩格斯选集》第三卷，人民出版社 2012 年版，第 507 页。

的正反馈原则。这种机制的正确运用可以推动经济以奇迹般的速度加快发展，但同时也会自然地形成劳动者在财富获得上越来越大的差异。负反馈则不断消除干扰，使系统自动恢复原有的状态，是一个具有自稳定作用的环路。无人控制的自动机、自调节的机电装置、全自动生产线，以及智能机器人等都可以利用负反馈机制设计制造出来。我们可以通过社会系统控制与管理中的合理制度、法规构建合理的社会自组织机制，从而使社会系统自动地保持稳定、消除偏差、接近和实现目标，实现和谐有序、"无为而治"的自组织管理。

从自组织理论的角度来看，社会要实现发展和进化，一个首要的前提是该社会必须保持一定的包容开放度。一切现存的有机系统都是开放的。系统因为不完备而开放。孤立的封闭的系统是暂时的、衰退的、趋向瓦解的。社会系统作为一种开放性的系统，其开放性不仅表现在社会系统与自然界之间的物质、能量和信息的交换上，还表现在不同的民族国家之间的交流上，也就是特定的民族国家和世界的交流。这样一种交流是多维度、多层面、多途径的。通过对外界的开放，当外界的输出和输入达到一定的阈值时，将引发社会系统的相应的变革，形成新结构，产生新功能。

领导者掌握并按照系统自身规律进行管理，就是要保持系统他组织和自组织的一致性，使系统依据自身作用自组织地发展。领导者必须把握对象系统的自组织规律，遵循系统自身原有的或构建合理的正负反馈机制，引导系统实现良性发展，这是系统思维重要的和根本的科学方法之一。领导者既不要过分推动正反馈，造成系统加速发展而导致崩溃；也不要破坏系统赖以维持稳定的负反馈，防止"乱作为"造成的系统干扰，要真正实现"有所为有所不为"。改革开放以来，大规模的社会战略性改革的总体方向就是从"组织化"社会系统的单向作用走向"自组织化"社会系统的相互作用。这是从机械论到辩证法和系统论的发展，是现代社会管理的进步和科学化的发展，是人类在思维上的进步。自组织管理是一种科学的领导方法和管理理论，每当我们真正地实现了管理自组织化，社会生产力就会得到大踏步的前进和长足的发展。

> **案例** 重庆市巴南区"三社联动"社区治理模式
>
> "推进国家治理体系和治理能力现代化"的战略任务，要求党委和政府统筹城乡社区建设，促进群众在城乡社区治理中依法自我管理、自我服务、自我教育、自我监督。在政策的指导下，重庆市巴南区委、区政府高度重视社区基层治理，于2016年提出"大善巴南"的建设目标，通过"三社联动"的模式开展基层社区治理。花溪街道于2017年12月购买了红光社区"协商共治"社区社会工作服务项目，旨在建立社区协商共治机制，促进政府治理、社会协同与居民自治的良性互动，以改善居民自治意识和自治能力较弱的问题，解决社区社会问题。

（五）掌握系统的波动性原理，实现前瞻预判

在系统动态发展过程中，时间延迟现象比比皆是。当系统反馈回路存在一定的时间延迟时，必然带来系统的周期性波动。系统波动的根本性原因就是系统往往带有一个有延滞的负反馈。这正像辩证法揭示的那样，事物的运动发展，不是一个简单的直线运动。由于矛盾对立统一双方的相互冲突，事物的运动与发展往往是一种波浪式前进和螺旋式上升的运动，表现为一种否定之否定式的运动规律性，这从系统视角看来，其实就是表现为系统的波动性。

我们在日常生活和社会经济建设中会遇到许许多多的波动现象。通常来说，比较平缓的波动对社会系统不仅没有严重的影响，还常常能推动经济与社会系统的进步和发展。但是，剧烈的波动会对社会系统带来不利影响，甚至导致发展过程的断裂，导致经济危机与社会的动荡。因此，领导工作职能中的重要课题之一就是研究社会系统波动的规律性。

作为领导者，要科学地认识系统波动性。一方面，应当在逐步摸清系统的波动周期和波动幅度的基础上，提前采取相应的行动，防患于未然。例如，通过一定的宏观调控措施提前影响那些使国家经济发展过冷或过热的趋势，进而减缓波动。另一方面，采取减少或降低社会系统延滞程度的方法，加快系统的反应速度，也就降低了波动程度，减少或消除了波动的危害。例如，努力提高国民的科技水平，加强抗灾、交通、信息等基础设施建设，提高经济环境的有机程度等。

系统的波动性发展取决于系统内部诸要素及其联结方式，取决于系统与环境的相互作用，因此，只有准确、客观地把握住系统的要素、要素之间的关系、系统与环境的相互作用及它们的演化，才能大致地预测系统未来的可能状态。

案例　毛泽东"论持久战"前瞻预判

在抗日战争初期，当人们对战争前景迷茫困惑、"亡国论"和"速胜论"甚嚣尘上时，毛泽东同志发表了著名的《论持久战》，通过系统分析国际国内政治、经济、军事等要素的态势，科学预见了抗日战争的发展趋势，作出了"抗日战争是持久战，最后胜利是中国的"战略判断，为处于黑暗中的国人指出了光明的前途。毛泽东同志十分强调对事物总体发展过程作出科学预测和估计的可能性与必要性。他在论述中日战争发展的可能进程时曾指出："客观现实的行程将是异常丰富和曲折变化的，谁也不能造出一本中日战争的'流年'来；然而给战争趋势描画一个轮廓，却为战略指导所必需。"[1] 毛泽东同志在《论持久战》一文中对中日战争双方诸特点的精辟分析和对中日战争整个发展过程的科学预测，就充分体现了他准确地把握事物动态发展过程，科学地预测事物发展的可能趋势的娴熟艺术，

---

[1]《毛泽东选集》第二卷，人民出版社1991年版，第462页。

提高科学思维能力

充分体现了其思维模式的动态性思想原则。

从系统思维的波动性观点出发,才能准确研判分析外部环境和内部条件两个方面因素的不断变化,才能抓住发展机遇,找准时间窗口,进行科学决策。机遇是随条件变化而出现的,分析条件才能发现机遇,抓住机遇才能加快发展。

前瞻性的科学预见是对客观事物发展趋势所作的有科学根据的论断。科学预见不是天生的,而是在实践中运用科学的思维方法,特别是坚持运用系统思维研究并把握事物发展的规律,正确分析和估量事物的动态发展趋势后所得出的结论。新时代新征程,我们要切实把习近平新时代中国特色社会主义思想的世界观、方法论和贯穿其中的立场观点方法转化为自己的科学思想方法和思维方式,运用系统思维指导实际工作,助力以中国式现代化全面推进中华民族伟大复兴。

提高创新思维能力

人类思维是地球上"最美丽的花朵",而创新思维是其中最灿烂的一枝。从钻木取火到蒸汽机的发明,从烽火台的狼烟到现代互联网技术,人类文明不断绽放绚丽多彩的花朵。在人类历史发展的漫漫时空中,创新思维就像一盏明灯,在黑暗中放射万丈光芒,引导人类不断前进,创造了我们今天这个丰富多彩、璀璨多姿的世界。

创新精神是中华民族最鲜明的禀赋。早在公元前1600年,商汤的盘铭就写有"苟日新,日日新,又日新"。还有千古奇书《易经》也强调"变易"的意义,其中"革"卦和"鼎"卦的主旨讲,"革",去故也,"鼎",取新也。秉持"周虽旧邦,其命维新"的创新精神,中华民族的先民开启了缔造中华文明的伟大实践。16世纪以前,影响人类生活的重大科技发明约有300项,其中175项为中国人所发明,中国的农耕、纺织、冶金、手工制造技术长期处于世界先进水平,中国的综合国力遥居世界各国之首。当代中国,创新驱动发展战略深入推进,创新型国家建设成果丰硕,"悟空号"卫星的太空新发现为我们解开宇宙之谜提供了宝贵资料;港珠澳大桥、中国高铁向世界宣示着我们在基建方面遥遥领先。中华民族的创造精神和创新活力,前所未有地迸发出来,创造了伟大奇迹。创新思维是渗透于我们中华民族骨子里的文化基因,为中华民族生生不息、发展壮大提供了丰厚滋养。习近平总书记说:"中华文明的创新性,从根本上决定了中华民族守正不守旧、尊古不复古的进取精神,决定了中华民族不惧新挑战、勇于接受新事物的无畏品格。"[①] 中华文明成为人类历史上唯一一个绵延5000多年至今未曾中断的灿烂文明,与推崇创新精神具有密不可分的关系。

中国共产党是善于运用创新思维的典范,创新是中国共产党人的制胜

[①] 习近平:《在文化传承发展座谈会上的讲话》,《求是》2023年第17期。

之道。在革命、建设和改革实践中，我们党从具体实际出发，不固守教条、不迷信权威，解放思想、突破常规、守正创新，运用创新思维破解前进中的难题，在求新求变中推动党和国家事业不断向前发展。

在新民主主义革命时期，以毛泽东同志为主要代表的中国共产党人从中国国情出发，运用创新思维，在国际共运史上第一次走出了农村包围城市，进而夺取全国政权的中国革命道路，从此开启了中华民族发展历史上的新篇章。他们不畏挑战、勇于创新的品格，依然值得我们深思体悟。面对中国的特殊国情，若没有创新意识、创新思维，教条对待马克思主义，就不可能开辟出革命新道路，不可能推动马克思主义的中国化。

"文化大革命"结束以后，由于受到"左"的思想长期影响和"两个凡是"的禁锢，党和国家的工作在前进中出现徘徊的局面，中国又处在一个重大的历史关头，面临着社会主义何去何从的问题。我们是继续坚持"两个凡是"，还是坚持实事求是？以邓小平同志为核心的党的第二代中央领导集体，解放思想、实事求是，坚持运用创新思维，冲破"两个凡是"的思维禁锢，创造性地提出并确立了改革开放的基本国策。由真理标准问题大讨论引发的思想解放，成为改革开放的序曲和先声，成为回响在中华大地的一声春雷，它搅动了一池春水，激发了人民群众的创造活力，催生了改革开放和社会主义现代化建设的崭新实践，开启了中华民族振兴的新的伟大征程。没有思维冰封的解冻，就没有改革开放的大潮涌起。

党的十八大以来，以习近平同志为核心的党中央自觉运用创新思维推进治国理政的伟大实践，提出了一系列新理念新思想新战略，解决了许多长期想解决而没有解决的难题，办成了许多过去想办而没有办成的大事，推动党和国家事业发生历史性变革，以全新视角深化了对中国共产党执政规律、社会主义建设规律、人类社会发展规律的认识，创立了习近平新时代中国特色社会主义思想。习近平新时代中国特色社会主义思想作为党的理论创新成果，赋予了马克思主义浓郁的时代气息和鲜活的生命力，是当代中国马克思主义、二十一世纪马克思主义,是中华文化和中国精神的时代精华,实现了马克思主义中国化新的飞跃。

当前,世界百年未有之大变局正加速演进,中华民族如何赓续血脉,面向未来,走向辉煌呢?习近平总书记说过,创新是一个民族进步的灵魂,是一个国家兴旺发达的不竭动力,也是中华民族最深沉的民族禀赋。在激烈的国际竞争中,惟创新者进,惟创新者强,惟创新者胜。推进创新离不开创新思维,只有运用创新思维才能有创新实践,只有不断提高党员干部的创新思维能力,才能引领社会发展,不断推进中国式现代化的建设步伐,早日实现中华民族伟大复兴。

那么,什么是创新思维?为什么要提高创新思维能力?制约我们提高创新思维能力的因素有哪些?我们如何提高创新思维能力?

一、创新思维的内涵与特征

(一)创新思维的内涵

"创新"一词的具体含义是什么?《辞海》:创,是始创之义。新,是指初次出现,与"旧"相对。二者合在一起的创新一词具有三层含义:一是抛弃旧的创造新的;二是在现有基础上,改进革新;三是指创造和创意。

毛泽东同志说过,领导干部就是两件事:一是出主意,二是用干部。出主意的过程就是运用创新思维,打破习惯势力束缚、增强改革创新本领、提出解决问题办法、创造性地推动工作发展的过程。"出主意"听起来不难,但领导干部面对的问题复杂程度和难度都非比寻常,很多问题没有现成的经验或做法可以借鉴或者拿来直接套用。因此,领导干部要解决问题,就要运用创新思维,想别人之未想,见别人之未见,做别人之未做,形成新思路、打开新局面,取得工作的新突破。20世纪80年代,以邓小平同志

提高科学思维能力

为主要代表的中国共产党人充分估计形势和任务，突破国家结构形式要么是单一制、要么是复合制的框架，打破了思维定式，逆常理常规而思考，产生了创造性想法和方案，大胆设想，运用创新思维创造性地提出了"一国两制"的伟大构想。"一国两制"成为解决祖国统一问题，成功运用创新思维方面的生动事例。

在革命、建设、改革的历史进程中，在党和人民事业发展面临困难和问题的时候，我们党以敢为人先的锐气，实事求是，同教条主义作斗争，同惯性思维作斗争，同不合时宜的旧观念作斗争，运用创新思维破解前进中的难题，以思想认识的新飞跃打开工作的新局面。综上所述，创新思维是指从实际出发，突破常规思维的界限，知难而进，以新颖独创的方法解决问题的思维过程。创新思维是在一般思维基础上发展起来的思维精华，是产生新事物、新方法、新结果的高级复杂的思维活动。

创新思维的哲学基础。创新思维是以推动事物的发展为目标的思维过程，事物发展的本质是新事物的产生和旧事物的灭亡，也就是推陈出新。创新就是创造新事物或者新规则，其基本内涵就是推陈出新、除旧布新、破旧立新，是破除与客观事物进程不相符合的旧观念、旧理论、旧模式、旧方法，发现和运用事物的新联系、新属性、新规律，更有效地认识世界和改造世界的活动。创新既有肯定性的一方面，即创造新事物和新规则；又有否定性的一面，即否定旧观念、旧理论、旧模式、旧方法等，是肯定性和否定性的辩证统一过程。在这个过程中，对于已有的、不是根本性和原则性的规矩，都可以超越。如果说"破除迷信""超越陈规"主要强调的是对过去的否定方面的话，那么"因时制宜""知难而进""开拓创新"强调的就是直面现在、朝向未来的一种肯定性探索。因此，唯物辩证法的三大规律是确立创新思维的哲学基础，创新思维实质上是"唯物辩证法批判性和革命性本质的体现"。由量变到质变包含着创新；否定之否定规律的本质是批判的、革命的、发展的，蕴含着创新；对立统一规律是事物发展变化的内在动因，推动着创新。在全面建设社会主义现代化国家的伟大实践中，我们要跟随时代的脚步，不断创新，破除旧事物、旧观念、旧思维、旧模式对我们的束缚，坚持创新思维。

（二）创新思维的特征

创新思维是相对惯性思维而言的。惯性思维在进行思考的时候总是沿着已有思考路径以线性方式继续延伸，从而暂时封闭了其他思考方向，无法进行领域和空间的开拓。这种思维方式会导致因循守旧，迷信权威、经验和教条，只是一味地复制平淡无奇、毫无创意的想法，只能进行重复性和附加值低的活动，不能面对变化了的情况，也就无法带来任何的革新[①]。不同于常规思维，创新思维具有以下一些主要特征。

第一个特征是求异超越性。常规思维之所以冠以常规二字，就是因为它具有习惯性、单向性和逻辑性的特点。我们这里强调创新思维，并不是说常规思维一无是处。常规思维会形成思维定式，一提到思维定式，很多人往往认为它是思维障碍，这种认识是片面的。事实上，绝大多数人的行为90%以上都是思维定式产生的结果。也就是说，这种思维的惯性可以帮助我们养成良好的习惯，但也会反过来成为束缚我们手脚的枷锁，把我们的思维拖入特定的陷阱。思维定式特指思维方式僵化，不能够适应实际情况变化的一种思维模式。创新思维的求异超越性从根本上不同于常规思维的单向性和习惯性。所谓求异性，就是不同于传统思路，多角度、多渠道、多因素考虑问题。所谓超越性，就是打破常规逻辑，突破常规思维的局限，以新思路、新办法解决新问题。

第二个特征是反思批判性。创新思维是一种反思批判性思维。它不会把任何经验、教条和陈规当作普遍的真理，不是一种简单的被动的接

[①] 参见教育部习近平新时代中国特色社会主义思想研究中心编著：《读懂中国共产党的思维方式》，党建读物出版社2020年版。

提高科学思维能力

受性思维，而是能动地反思它们有效性的限度，对这些东西得以成立的前提进行批判，要么找到它们的逻辑错误，要么发现它们的历史局限性，从而厘清这些经验、教条和陈规的边界。与此同时，创新思维具有一种建构性，能够透过经验的表象，在否定中看到肯定，看到现实中的积极力量，一切从实际出发，以一种超越的态度，坚持批判性和建构性的统一。

反思批判需要具备强烈的怀疑精神，不盲从权威，敢于质疑，从而为建构新的思维模式奠定基础。但需要注意的是，强调创新思维的反思批判特征并非要否定一切，而是面向问题，积极主动解决现实问题的理性思考。在创新思维的过程中，在获得真正的突破性进展之前，需要我们不断地尝试新方法、新思路，并不断地在实践的基础上进行修正。

第三个特征是综合灵活性。创新不是无中生有的变戏法，不是无源之水、无本之木。因此，综合性是指立足现实中的实际条件，将不同的想法、概念和信息综合起来，勇于综合利用多种理论资源，形成新的思维模式或者创新成果，它是创新思维的一个重要特征。灵活性是指在综合的基础上，灵活运用各种资源和力量，将感性与理性统一起来，将分析与综合、归纳与演绎、抽象与具体统一起来，将历史与逻辑统一起来，灵活运用多种思维方法发现事物的本质和规律，致力于创造新的事物，找到解决问题的最佳方案，开拓新的未来。

第四个特征是现实实践性。创新思维是以实践为基础的创造性思维，它对现实生活的变化有一种很强的敏感性，为了解决现实中存在的问题，始终坚持问题导向，强调直面现实、开拓未来，从而把各种已有的理论资源都作为自己解决问题的环节和要素，而不囿于任何一种理论[1]。创新思维的运用需要结合实际，还必须能够通过实践的检验。这就决定了领导干部

---

[1] 参见教育部习近平新时代中国特色社会主义思想研究中心编著：《读懂中国共产党的思维方式》，党建读物出版社2020年版。

运用创新思维，要在尊重规律的前提下，为解决现实中存在的问题，敢为人先，敢于试错，勇于实践探索，在不断的尝试性探索中，逐渐发现新的事物、方法或者措施。

二、为什么要提高创新思维能力

创新思维能力就是破除迷信、超越陈规，善于从实际出发、知难而进、开拓创新，以新颖独创的方法解决问题的能力。领导干部运用创新思维能力就要做到敢于直面现实中碰到的问题，不迷信经验、教条、本本和权威，能够客观冷静地观察问题，做到实事求是。党的十八大之后，中国特色社会主义进入了新时代。中华民族迎来了从站起来、富起来到强起来的伟大飞跃。时代的新变化和新的历史方位，呼唤着我们要提高创新思维能力，应对各种新挑战。

（一）只有不断提高创新思维能力，才能适应党的发展战略要求

从党的十六大开始，我们党对创新地位和重要性的认识逐步上升到发展战略的层面。党的十六大报告指出，创新是一个民族进步的灵魂，是一个国家兴旺发达的不竭动力，也是一个政党永葆生机的源泉。党的十七大报告提出，要提高自主创新能力，到2020年把我国建设成为一个创新型的国家。党的十八大报告又再次强调要实施创新驱动发展战略，确立了创新、协调、绿色、开放、共享的发展理念。习近平总书记在党的十九大报告中50余次提到"创新"一词，将创新驱动战略推向全新高度，要求党员干部要增强改革创新本领，保持锐意进取的精神风貌，善于结合实际创造性推动工作。党的十九大之后，国际国内形势出现了许多新变化，党的十九届五中全会又明确提出，我们要统筹中华民族伟大复兴战略全局和世界百年未有之大变局。

提高科学思维能力

习近平总书记在党的二十大报告中明确提出，党员干部要"不断提高战略思维、历史思维、辩证思维、系统思维、创新思维、法治思维、底线思维能力，为前瞻性思考、全局性谋划、整体性推进党和国家各项事业提供科学思想方法"，要坚持"创新在我国现代化建设全局中的核心地位"。对创新的反复强调充分体现了习近平总书记"让创新贯穿党和国家一切工作"的考量和要求，也充分表明了创新在顶层设计路线图中的牢固位置。"明者因时而变，知者随事而制"，历史和实践都告诉我们，如果我们不识变、不应变、不求变，就可能陷入战略被动，错失发展机遇。我们只有不断提高创新思维能力，才能适应新变化、找到新办法、开辟新途径，破解发展中出现的各种矛盾和问题。

（二）只有不断提高创新思维能力，才能永葆中国共产党的先进性

实现中华民族伟大复兴，关键在于党的领导，关键在于中国共产党要永葆先进性。党的二十大报告指出，经过不懈努力，党找到了自我革命这一跳出治乱兴衰历史周期率的第二个答案。党的自我革命永远在路上。当前，世情、国情、党情正在发生深刻变化，作为拥有9800多万党员的世界第一大执政党，我们面临的执政考验更加严峻。而创新思维就是为了应对目前存在的四大风险，尤其是能力不足风险而提出的，目的是建设一支善于推动科学发展，促进社会和谐的高素质领导干部队伍，完成我党的执政使命。从人类历史来看，一个政党执政时间长了，经验、理论、方法和制度等执政资源也会积累得越多，如果在不断变化的形势面前固守这些已有的资源，则不利于开创工作新局面，甚至会落后于时代发展，逐渐丧失先进性。因此，作为当今世界最大的政党，我们党要永葆生机和先进性，就要不断创新。社会主义现代化建设进入新的发展阶段后，各级领导干部面临的情况比过去更复杂，承担的任务比过去更艰巨，要解决的矛盾也比过去更尖锐。面对不断变化的社会发展形势，我们需要常怀创新之志、创新之思。

（三）只有不断提高创新思维能力，才能实现新时代高质量发展

进入新发展阶段，实现高质量发展，关键是要推动以科技创新为核心的全面创新，依靠科技创新转换发展动力。近年来，我国在很多科技领域和关键环节取得了一系列重大突破性成果，一些重要研究方向跻身世界先进行列，还有一些前沿方向开始进入并跑、领跑阶段。但基础研究仍然薄弱，原始创新能力不足。并且从全球产业链分布来看，我们尚处于全球产业链、供应链的中低端位置，一些关键核心技术产品仍高度依赖进口，如高端芯片、光刻机等，仍存在"卡脖子"问题。因此，党的十九届五中全会对我国科技发展作出的重要研判就是当前创新能力不适应高质量发展要求。过去40年我们在融入经济全球化的过程中，科技创新和经济发展采取的主要是追赶模式，采用的多是集成创新和引进消化吸收再创新策略，这使我们在较短时间里缩小了与世界科技前沿的差距。但面对以美国为首的西方国家不惜成本和代价加紧对我国科技进行围堵打压的形势下，这套模仿有余、创新不足的模式显然是行不通了。

2018年以来，以美国为首的西方国家违背自由贸易精神和公平竞争法则，一方面以"窃取技术""威胁国家安全"等缺乏证据的理由，不断抹黑、围堵和打压中国高新技术企业；另一方面对中国领先互联网企业合法商业利益巧取豪夺，"公然抢劫"。同时，以各种"莫须有"罪名诬陷中国留学生，限制人才正常流动。近代以来的世界发展历程表明，一个国家和民族的创新能力，从根本上影响甚至决定着国家和民族的前途命运。针对某些西方国家肆意妄为之举，最硬气和最有力的回击和反制，就是像习近平总书记强调的那样，坚持创新是第一动力，坚持科技创新和制度创新"双轮驱动"，以更加开放的思维和举措走适合国情的创新之路，把原始创新能力的提升摆在更加突出的位置。

（四）只有不断提高创新思维能力，才能从容应对世界百年未有之大变局

2020年8月，习近平总书记在经济社会领域专家座谈会上的讲话中作出了对世界形势的重大战略判断，那就是保护主义、单边主义上升，世界经济低迷，全球产业链、供应链因非经济因素而面临冲击，国际经济、科技、文化、安全、政治等格局都在发生深刻调整，世界进入动荡变革期。基于这一判断，习近平总书记首次提出，"今后一个时期，我们将面对更多逆风逆水的外部环境，必须做好应对一系列新的风险挑战的准备"①。在党的二十大报告中，习近平总书记告诫全党，要随时准备经受风高浪急甚至惊涛骇浪的重大考验。当下，在百年未有之大变局中，新一轮科技革命和产业变革是大变局的重要推动力量。如果说百年未有之大变局中最突出的特征是"东升西落"，其主要推动力是中国的持续快速发展，那么对于正在崛起的我们而言，未来要做的，已经不再仅仅是从中国看中国，而要站在全球的高度看待中国的发展及其对世界的影响。如何打破美国等西方国家对我国战略上的围堵、遏制和打压？如何更有效地对外讲好中国故事，更好地传播中国声音？中国能否为塑造人类社会发展新格局作出新的贡献？要回答和解决好这些问题，我们党必须运用创新思维，突破困局，打开新局面。

三、提高创新思维能力的制约因素

制约提高创新思维能力的因素，可以分为主观因素和客观因素两个方面。

---

① 习近平：《在经济社会领域专家座谈会上的讲话》，人民出版社2020年版，第3页。

（一）制约提高创新思维能力的主观因素

1. 思维定式

所谓思维定式，就是指由实践目的、价值模式和知识储备等因素构成的特定认识框架，是人们所熟悉的思维方向、思维路径、思维方式和思维方法，它是人们头脑所习惯使用的一系列程序和工具的总和。思维定式的好处在于，我们在处理日常事务、一般情况和惯例性事务的时候，能够驾轻就熟，得心应手。但弊端也很明显，那就是当我们面对新问题、新情况需要新思路的时候，它反过来就会变成我们思维的牢笼。

思维定式主要包括权威定式、从众定式、经验定式、书本定式和非理性定式。

所谓权威定式，是指思维的主体把某一权威人物的某种论断作为评价标准的思维模式，缺乏独立思考能力。思维中的权威定式都来自后天的社会环境，是外界权威对思维主体形成的一种制约。权威定式的形成，主要来自两种途径，一是成长过程中所接受的"教育权威"，二是由社会分工不同和知识技能的差异导致的"专业权威"。听从权威指导，在一定程度上可以让我们少走弯路，少付出一些代价，但其负面效果也是很明显的，那就是把权威的标准当作标准，不加思考地盲从，很容易在现实当中碰钉子、栽跟头。爱因斯坦曾说，对权威不假思索地尊重是真理的最大敌人。因此，对于权威要"三思而后行"。也就是说，权威的话有其道理，但其有效性是有一定前提和基础的，也是有一定范围的，不能不加思考地直接套用，必须厘清其背后有效性的逻辑，然后根据实际情况加以反思。

所谓从众定式，是指思维主体遵从大多数人或团体的意见来分析、解决问题的思维模式。这种思维模式的局限在于没有或者不敢坚持自己的主见。别人怎么想、怎么做，我照着来就行了。把众人的标准作为标准，时

提高科学思维能力

刻与群体保持一致，缺乏思维的主动性和独立性。这种从众定式体现的是这样一种心理：要对一起对，要错一起错，只要我随大流，压力就不会由我一个人扛。这种心理是一种自然反应，源于人的自我保护机制。但压抑了个体的独创性。而这种独创性往往是一个人脱颖而出、引领潮流的关键因素。

所谓经验定式，就是指过分依赖以往的经验，不敢超出经验半步，而且习惯以经验衡量是非的思维定式。经验定式讲究的是阅历经验。阅历经验固然很重要，但在创新的路上，它却可能成为最大的绊脚石。人们创新的最大障碍并不是未知的东西，而是已知的东西。经验具有很大的片面性和狭隘性，在需要创新思维的工作中，过分依赖经验不但无益，反而大大有害。

所谓书本定式，就是指盲目崇拜书本知识，把书本知识当作框框，束缚自己的思考，看不到书本知识与现实世界之间的巨大反差。书本知识能够启迪人的心智，凝聚着人类文明的成果。它使我们有机会站在前人的肩膀上，在探求真理的道路上更进一步。但一切从书本出发，将书本知识与现实世界画等号，就会犯各种各样的错误。所以，古人言"尽信书，不如无书"。书本知识是对现实的高度抽象，它并不能直接转换成改变世界的物质力量。只有与实践相结合，书本知识才能散发出耀眼的光芒。

所谓非理性定式，是指在思维过程中，偏离了理性的引导，而受到感情、欲望、情绪、潜意识等因素的支配，无法清醒而准确地把握事物和问题。非理性定式在现实中有这样一些例子，比如"短视决策"，人往往受眼前的利益所吸引，忽略将来的后果与风险，这种决策就多是出于感性、情感等因素。非理性定式还有一种情形就是危险决策，就是说当处于危险的情境时，人们多半会采取非理性决策，容易情绪化、情感化，而不是斟酌各方面情况作出决策。譬如，中央三令五申安全生产事故要据实上报，不可瞒报。个别地方领导干部出现的瞒报行为，很大一部分原因就是情急之下的一种非理性自保心理在作祟。此外，非理性定式还有一种表现，就是人们在作选择时，容易受到不当情感影响，从而导致非理性的决策和判断。

2. 主观上缺乏创新的内在动力

如果领导干部不愿意研究新情况新问题，对基层的好经验好做法不善于总结，对工作开展的全局性、系统性、整体性、关联性等缺乏理性分析，对新科技、新业态、新发明不关心、不了解，最终会导致自己缺乏创新思维所必需的知识储备和思想能力，也就不知道如何创新，在哪个方向、在哪个方面和哪一点上创新。如果领导干部在遇到难题的时候，不善于从理论上解析和提升，而是"凭老底子，玩老把式，靠老经验，搞老一套"，甚至把照搬上级指示不走样与对待上级态度画等号，就会缺乏创新的观察力和敏锐感，最终失去创新的底气和勇气。

（二）制约提高创新思维能力的客观因素

客观因素也对我们提高创新思维能力具有制约作用。

首先，传统守旧的文化观念是阻碍创新的重要客观因素。我们中华民族历史上就是一个锐意进取、奋发有为的民族，五千多年没有中断的璀璨中华文明史就是明证。但是，我们必须看到传统文化中还有守旧唯古、法祖守成的落后观念，这些观念一直存在，而且影响深远。这些文化习惯与我们提倡的创新思维是背道而驰的。这股力量一直很强大，鲁迅曾经这样痛心疾首地说：可惜中国太难改变了，即使搬动一张桌子，改装一个火炉，几乎也要流血；而且即使有了血，也未必一定能搬动，能改装。

其次，保障我们领导干部创新思维的制度设计尚不完善。我们虽然已经出台了一些激励领导干部担当创业的容错纠错机制，但制度设计尚未细化完善，尚未形成容忍或者宽容创新失败的制度和事业环境。习近平总书记讲："创新从来都是九死一生，但我们必须有'亦余心之所善兮，虽九死其犹未悔'的豪情。"① 这虽然是鼓励科技创新的讲话，但也意味着创新具有很大的风险。每次改革都是一次惊心动魄的试验，我们品尝过成功的喜悦，也走过曲折的弯路，但正是我们党秉持着百折不挠、绝不言败的精神，中华民族才实现了从站起来、富起来到强起来的伟大飞跃。

容错纠错机制设计的初衷是为敢于干事的人卸下思想包袱，放下顾虑，为他们撑腰鼓劲。特别是在没有前人经验可以借鉴，需要大胆创新，蹚出一条新路的时候，对于未能实现预期目标或者出现偏差失误的干部，只要没有违反党纪国法，未谋取个人私利，就要免除相关责任或从轻处理。探索就有可能会出现失误，做事就可能犯错，这是一种科学规律。那种想要完全杜绝错误发生的想法实际上是对科学规律的不尊重，只有对勇于承担风险的改革创新者多一些包容、少一些苛责，才能有效鼓励领导干部在改革探索和创新实践中拼搏进取，建功立业。如果不能采取宽容的态度对待担当作为和改革创新中出现的失误并采取合适的措施纠错，则可能会让这些领导干部寒了心，并引发更多干部的"不作为"。

四、提高创新思维能力的实践路径

提高创新思维能力，就是要有敢为人先的锐气，打破迷信经验、迷信本本的惯性思维，以满腔热忱对待一切新生事物，敢于说前人没有说过的新话，敢于干前人没有干过的事情，以思想认识的新飞跃打开工作的新局面。没有创新思维，就难以有创新的行动和实践。只有不断提高创新思维能力，让创新成为一种习惯和本能，我们才可能以求新、求变的活力冲破守成的暮气，闯出一片新的天地。

---

① 习近平：《努力成为世界主要科学中心和创新高地》，《求是》2021年第6期。

习近平总书记强调,发展是第一要务,人才是第一资源,创新是第一动力。作为领导干部,抓住了创新,就等于抓住了经济社会发展全局的"牛鼻子"。

(一) 内因是事物变化发展的根本原因

我们要提高创新思维能力,必须从以下几个方面努力。

1. 明确创新立场

与一般的创新思维相比,中国共产党人的创新思维有着明确的价值指向。我们的领导干部需要搞清楚"为了谁创新""为了什么创新"的问题,这就回归到了我们党的初心使命上。为中国人民谋幸福,为中华民族谋复兴铸就了人民立场是我们党的根本政治立场,也是我们党创新思维的独特优势所在。中国共产党是全心全意为人民服务的党,提高创新思维能力必须始终站稳人民立场,始终代表和维护最广大人民的根本利益。"推进任何一项重大改革,都要站在人民立场上把握和处理好涉及改革的重大问题,都要从人民利益出发谋划改革思路、制定改革举措。"[1]党的十八大以来,党治国理政的各项创新举措的相继出台,无不是为了人民,无不代表了最广大人民的根本利益。提高创新思维能力,推进创新实践,必须站稳人民立场,凝聚人民智慧,汇聚人民力量。要深刻懂得,人民群众作为历史的真正主人,蕴藏着创新的智慧源泉。谁信任人民、依靠人民,就能实现真正的创新;谁不信任人民、离开人民,就必将在创新问题上遭遇失败[2]。

2020年,国内互联网巨头先后利用海量数据、先进算法和雄厚资本入局生鲜社区团购,通过加大补贴优惠力度的方式,抢了很多中小商贩的饭

---

[1] 中共中央文献研究室编:《十八大以来重要文献选编(上)》,中央文献出版社2014年版,第554页。

[2] 参见教育部习近平新时代中国特色社会主义思想研究中心编著:《读懂中国共产党的思维方式》,党建读物出版社2020年版。

碗。从商业角度来看，这些或许是互联网商业模式创新的典型案例。但资本的无序扩张显然会抑制中小生产者和销售者的生存空间，而且资本逐利的本性注定会让互联网巨头在未来加倍收回前期投入，从长期来看不利于形成健康稳定的经济生态系统，更会损害人民群众的切身利益。因此，2020年12月，中央政治局召开会议，首次提出了"强化反垄断和防止资本无序扩张"的任务。这实际上就是我们党一切创新要以人民利益为中心的价值指向的充分体现。并非所有的改革创新都是可取的，我们还要看改革创新的性质，把"人民答应不答应、人民满意不满意、人民拥护不拥护"作为标准衡量改革创新的举措。

明确创新导向，还必须坚持中国特色社会主义道路不动摇。我们党能够创造人类历史前无古人的发展成就，坚持中国特色社会主义道路是根本原因。习近平总书记明确指出："牢牢把握改革开放的前进方向。改什么、怎么改必须以是否符合完善和发展中国特色社会主义制度、推进国家治理体系和治理能力现代化的总目标为根本尺度，该改的、能改的我们坚决改，不该改的、不能改的坚决不改。"[①]

2. 敢于负责和担当

创新思维有"善思"的问题，但更多时候是"敢思"和"敢为"的问题。各种各样的重大创新，必定会与旧的格局、旧的观念和惯性思维发生冲突，常常是在质疑声中诞生、在打压下成长、在困境中挣扎、在磨炼中"破茧成蝶"。创新思维难免会招来同行怀疑的眼光、面临创新过程的艰难困苦。也就是说，搞创新可能会遇到两只"拦路虎"，也就是前面所讲的主观因素和客观因素。但无论哪种阻碍因素，我们都要拿出攻坚克难的勇气，通过"活到老学到老"的学习本领破解创新之路上的一个个具体难题，回应时代和人民的召唤。因此，习近平总书记在党的二十大报告中又指出，

[①] 习近平：《在庆祝改革开放40周年大会上的讲话》，人民出版社2018年版，第28页。

要加强斗争精神和斗争本领的养成，明确提出新时代的党员干部要务必敢于斗争、善于斗争。

时任浙江省委书记的习近平同志勉励干部说："在困难面前，各级领导干部不应该消极畏难，无所作为，更不能怨天尤人，而应该坚定信心，千方百计克服困难。要视困难为考验，把挑战当机遇，变被动为主动。困难是一道坎，是一道分水岭，就像鲤鱼跳龙门，跳过去就是一片新天地，进入一种新境界。"[1] 其中充满了唯物辩证法。困难与希望、挑战与机遇总是相互依存，并在一定条件下可以相互转化的。没有克服不了的困难，挑战要转化为机遇关键在于主动变革，顺势而为。

创新思维确实是难度很大、风险很高的思维方式。要提高创新思维能力，必须具有强烈的责任感和担当精神。我们如果没有强烈的责任感和担当精神，就不可能敢于面对创新的风险和挑战，创新思维和创新实践也就无从谈起。贯彻落实新发展理念，涉及一系列思维方式、行为方式、工作方式的变革，遇到思想阻力和工作阻力，要努力排除，不能退让和妥协，不能松懈斗志、半途而废，面对当前改革发展稳定遇到的新形势新情况新问题，全党同志要有所作为、有所进步，就要敢于较真碰硬、敢于直面困难，自觉把使命放在心上、把责任扛在肩上。

习近平同志针对当时经济发展过程中遇到的各种矛盾苦难，提出这样的要求：党员干部面对矛盾和困难，"要有革命乐观主义的精神，要有大无畏的气概，要有克难攻坚的勇气，从战略上藐视矛盾和困难，在战术上重视矛盾和困难，千方百计化解矛盾，战胜困难，这才能显出领导干部的真本领、硬功夫"[2]。提高创新思维能力离不开担当与勇气，而担当和勇气的背后是深厚的人民情怀、强烈的历史责任感、对远大理想的坚持和执着。作为党的领导干部，需要始终保持奋发向上的精神状态，

---

[1] 习近平：《之江新语》，浙江人民出版社2007年版，第58页。
[2] 习近平：《之江新语》，浙江人民出版社2007年版，第60页。

做到哪里有困难，哪里就有解决困难的方法；哪里有挑战，哪里就有迎接挑战的决心。

3. 坚持问题导向

问题就是矛盾，问题所在就是矛盾所在。回避问题或者矛盾，就谈不上推进创新。要提高创新思维能力，必须在充分全面掌握实际情况的基础上，坚持问题导向，综合运用各种理论资源创造性地提出解决问题的思路和办法。在现实工作当中，需要领导干部运用创新思维，一定是为了解决现实中的问题。问题是创新的起点，也是创新的动力源，一个问题，只有当它被提出来时，才意味着解决问题的条件已经具备了。坚持创新思维，跟着问题走、奔着问题去，准确识变、科学应变、主动求变，才能在把握规律的基础上实现变革创新，不断推动事业向前发展。在社会发展过程中，新情况新问题总是层出不穷的，其中有一些可以凭老经验、用老办法应对和解决，同时也有不少是老经验、老办法不能应对和解决的。从某种意义上说，创新的过程就是发现问题、研究问题、解决问题的过程。因此，提高创新思维能力，一定要坚持问题导向，在增强问题意识的基础上推进实践创新。

在新民主主义革命时期，毛泽东同志一系列极富创见的论著，无一不是为了回答现实问题而写的。为了回答"红旗到底能打多久"的问题，他写了《星星之火，可以燎原》。为了克服党内本本主义、教条主义问题，他写了《反对本本主义》《实践论》。为了驳斥抗日战争中"速胜论"和"亡国论"等错误观点，他写了《论持久战》等。

中国特色社会主义进入新时代，以习近平同志为核心的党中央，始终以问题为导向，坚持将创新思维运用到发现问题和解决问题的现实中。实施自贸试验区提升战略，注册资本登记制度改革、"先照后证"改革等推广开来，制度创新激发发展活力；仰望寰宇有"嫦娥"奔月、"天问"落火，逐梦海疆有"深海勇士"号、"奋斗者"号深潜，科技创新拓宽认知边界；

敦煌研究院通过数字孪生技术还原洞窟壁画，让文物"重现"，三星堆博物馆运用增强现实、混合现实技术为游客提供沉浸式体验，文化创新增强文化自信；践行"一带一路"倡议、积极构建"人类命运共同体"，使外交格局开创历史新局面……创新才能把握时代、引领时代，党的十八大以来，我国各方面创新层出不穷，为经济社会发展提供了澎湃动能。

坚持问题导向，需要抓住这样几个关键点。

第一个关键点是要善于学习，在学习中发现问题。百年大党正年轻，很重要的一个原因就是在马克思主义的指导下，我们党持续不断地利用人类先进文化知识充实和提高自己，紧跟时代发展趋势，永不自满，永不懈怠。仅2015年一年的时间，中共中央政治局就组织了10次集体学习，学习的内容也非常广泛，从哲学原理、经济建设、司法改革、党风建设到文化、历史、军事、外交等，包括了社会发展的方方面面。在中央党校建校80周年庆祝大会上，习近平总书记还特别指出，中国共产党人依靠学习走到今天，也必然要依靠学习走向未来，要在全党大兴学习之风，坚持学习，坚持实践。可以说，"学习"成了我们当代共产党人自觉运用创新思维治国理政的必然选择。通过学习可以增强我们领导干部的执政本领。"本领恐慌"，其实并不是一个新词。早在延安时期，针对一些领导干部因为能力不足、本领不够而引发的各种问题，毛泽东同志这样概括说：我们队伍里边有一种恐慌，不是经济恐慌，也不是政治恐慌，而是本领恐慌。进入新时代，不断地通过学习和实践增强新本领依然是关键问题。我们的领导干部掌握的知识越多、知识面越宽，各种知识之间发生创造性联结的可能性就越大，发现问题和解决难题的新思路就越有可能形成。我们的领导干部要勤于学、敏于思，努力学习各领域内的知识，努力在实践中增长才干，加快知识更新，优化知识结构，拓宽眼界和视野，不仅要学习马克思主义基本原理，学习党的路线方针政策和国家法律法规，还要学习一切有利于我国发展的新思想、新知识、新经验，积极借鉴人类文明发展的有益成果，坚持干什么学什么、缺什么补什么，真正成为行家里手。

第二个关键点是在"破"字上动脑筋。所谓"破"，就是敢于提出问题，破除迷信，超越常规。毛泽东同志在《新民主主义论》中提到"不破不立，不塞不流，不止不行，它们之间的斗争是生死斗争"。这是我们需要熟练掌握的辩证法。回顾过往，我们党啃下了很多硬骨头，解决了很多难题。面对新问题、新事物，我们就要有敢为人先的胆气，打破困局，必须随着形势的发展，破除不合时宜的旧观念，不断推陈出新。市场经济到底姓"社"还是姓"资"？为什么社会主义就不能搞市场经济？围绕这几个问题，邓小平同志打破了过去的陈旧观念，创造性地确立了社会主义市场经济体制的改革目标，使生产力得到了空前的解放。

第三个关键点是在"立"字上下功夫。"破"和"立"是一枚硬币的两面。如果说"破"是为了去除解决问题过程中的障碍，那么"立"是确立解决问题的新角度、新方法、新措施。"破"是过程，"立"才是我们的目标。那么新角度、新方法、新措施如何"立"呢？

"立"的前提是严格落实中央精神。我们党的组织原则和政治纪律要求，各级领导干部都应当坚决、认真、不折不扣地贯彻落实中央精神。那么怎样才算真正地与中央保持高度一致，如何才叫真正贯彻落实中央精神呢？个别领导干部对于中央精神阳奉阴违，另搞一套；个别领导干部用文件落实文件，用会议落实会议；个别领导干部照搬照抄，不顾实情搞"一刀切"。这些很明显都不是真正地与中央保持高度一致。中央的方针政策属于宏观层面的顶层设计，体现的是矛盾的普遍性和共性的东西，而需要贯彻落实的地区、部门属于微观层面的基层实践，体现的是矛盾的特殊性。我们要做的是把二者结合起来。怎么结合？三步走：第一步，我们要架好"天线"，全面领会和准确把握中央精神政策，做到"吃透上情"；第二步，我们要铺好"地线"，通过广泛深入调查本地区本部门本单位的实际情况，做到"摸透下情"；第三步，接通"连接线"，坚持上下结合，融会贯通，因实制宜。提高新时代党员干部创新思维能力，很重要的一个方面就是看领导干部在新情况、新问题面前，能不能把对上负责和对下负责结合起来，创造性地开展工作，提出既符合中央精神，又符合地区实际的发展思路和决策部署。

在"立"字上下功夫，还必须做到三个"善于"。2009年，时任中央党校校长的习近平同志强调，领导干部必须善于把握事物发展的客观规律，根据事物发展的必然趋势推动思维创新、方法创新、实践创新和制度创新。他鼓励领导干部争做富有创新性思维、善于从事创造性活动的人，做到三个"善于"：善于把科学理论指导实践创新和在实践中推动理论创新结合起来，善于把吃透上情和摸透下情结合起来，善于把敢闯敢试和把握规律结合起来。党员干部在做到三个"善于"的基础上，以新观念观察新事物，以新视野研究新情况，以新办法解决新问题。

4. 遵循客观规律

任何创新，从根本上讲都是对规律的把握、运用和发挥。真正的创新只能建立在遵循事物发展规律基础上对规律予以灵活运用，而不是随意而为、想当然。运用创新思维，要求党的干部要按规律办事，透过现象看本质，从复杂无序的现象中发现事物内部存在的必然联系，从客观事物存在和发展的规律出发，按照客观规律的要求推进实践。历史反复证明，党和国家的各种理论创新、实践创新和制度创新，只有符合事物本身的发展规律才能取得成功，如果不符合就会失败。在新时代，全面深化改革，完善和发展中国特色社会主义制度，推进国家治理体系和治理能力现代化，同样必须遵循规律，最根本的是要遵循共产党执政规律、社会主义建设规律、人类社会发展规律。党的干部坚持和运用创新思维，要在把握事物发展规律上下功夫，不能背离规律随心所欲，也不能无视规律蛮干。比如，我们在制定地方的经济发展目标和发展规划的时候，不能单方面取决于个人的主观愿望，不能违背经济社会发展的基本规律，而必须在遵循发展规律的前提下据实提出和制订发展目标计划①。

创新需要发散思维，但不是随心所欲的自由想象，也不是毫无根据的异想天开，必须以遵循客观规律为前提。我们党在探索和提出建立社会主义市场经济体制的过程中，运用创新思维，打破思维定式，坚持守正与创新相统一，尊重客观规律与发挥主观能动性相统一。在科学认识资本主义和社会主义的对立统一关系的基础上，社会主义市场经济道路不偏离社会主义的价值追求，不脱离我国社会的具体国情，不违离规律的客观性和必然性，不背离人民群众的根本利益，在继承和超越、反思和借鉴中不断前进。

5. 在调查研究中求创新

创新思维源起于全面、准确的信息采集，就是要掌握全面的情况，要了解其历史起源、发展过程、目前的状态、存在的问题、关联方的利益纠葛、国际国内同类工作的处理方式，等等。只有获取了全面、准确的信息，才有创新思维的基础。在社会实践中，信息的获取靠的是扎实的调查研究，调查研究是做好领导工作的一项基本功，调查研究能力是领导干部整体素质和能力的一个组成部分。深入一线、深入基层、深入实际、深入群众，不仅要听汇报、到实地掌握一手资料，而且要真正了解问题的症结和发展演变过程，搞清楚群众的真实诉求和心愿，使我们的创新思维具备厚实的基础。习近平总书记在主持二十届中央政治局第四次集体学习时强调，领导干部要带头抓好调查研究，深入实际、深入群众，增强问题意识，真正把情况摸清、把问题找准、把对策提实，提出解决问题的新思路新办法，引导和推动全党大兴调查研究之风。

调查研究必须查出实情。从细致的调查研究出发，将调查研究作为谋事之基、成事之道。调查研究是我们党的优良传统，也是领导干部必备的

---

① 参见教育部习近平新时代中国特色社会主义思想研究中心编著：《读懂中国共产党的思维方式》，党建读物出版社 2020 年版。

一项基本功。做好调查研究，就要俯下身子直接与基层干部群众面对面了解情况、商讨问题，问计于民，集聚群众智慧。了解群众的需求和愿望，尊重群众的首创精神，从中寻找解决问题的新视角、新思路和新对策。

习近平总书记就是善于从调查研究中进行创新的典范。他在浙江担任省委书记伊始，面对如何推进浙江的新发展这一问题，以调研开局，先当"学生"，再当"先生"，每年至少用三分之一的时间，问计于基层，问计于群众。在深入调查研究的基础上，根据浙江的优势和特点，他提出了著名的"八八战略"，有效地推动了浙江各项事业的新发展。对于领导干部如何实现工作上的创新，他说，调查研究多了，情况了然于胸，才能够找出解决问题、克服困难的办法，作出正确决策，推进工作落实，才能够不断增进与群众的感情，多干群众急需的事，多干群众受益的事，多干打基础的事，多干长远起作用的事，扎扎实实把改革开放和现代化建设推向前进。我们当下正处于一个信息化的时代，社会各方面剧烈转型的阶段。与过去相比，今天影响领导干部决策的因素变多，决策的实效性变强，决策的风险变大。作出的决策要合理科学，更需要领导干部加强调查研究，从基层中获取真知灼见，形成正确思路，作出科学判断。

6. 坚定创新自信

自信是一个人取得成功的重要因素。对于一个国家和民族而言，只有坚定创新自信，才能在未来充满荆棘的道路上行稳致远。回望历史，中国曾创造出西方难以企及的物质财富和精神财富，以致过度自大而陷于"天朝上国"的迷梦。我们也曾积贫积弱到备受西方列强欺侮而陷入高度自我怀疑，把全盘西化当作梦想，试图与自己几千年的传统割袍断义。在中国共产党领导下，中国人民奋发图强，创造精神和创新活动前所未有地迸发，我们的成就也让整个世界为之惊叹。但我们也要清醒地认识到，中国要成为真正的创新强国，还有很长的路要走。进入新时代，我们要敢于想西方人没想过、没提出过的问题；敢于开拓新的方向，从"弄潮儿"转变为

"引潮儿"；敢于彰显我们的主体性和原创性，而不能总是跟在别人后面亦步亦趋。

习近平总书记在多个场合提到创新自信。2013年，他在看望出席全国政协十二届一次会议委员并参加讨论时指出，在日趋激烈的全球综合国力竞争中，必须坚定不移走中国特色自主创新道路，增强创新自信，深化科技体制改革，不断开创国家创新发展新局面。我们拥有创新自信的底气。第一，我国已经形成较为完整的学科体系，科技发展取得了举世瞩目的伟大成就，比如量子通信、深地深海、载人航天、北斗工程、探月工程。应该讲，就创新发展阶段而言，我国正处于从量的积累到质的飞跃、点的突破到整体提升的重要时期。第二，我国科研经费和人力资本越发雄厚。创新型国家的第一个指标就是，国家的研发投入占GDP的比值一般在2%以上。2022年我国全社会研发经费支出大约为3.1万亿元，位居世界第二。从人力资本来看，我国现在每年毕业的大学生总数和研发人员总量都居世界第一位。创新人才队伍结构进一步优化。从科研人员包括科学家发表的论文规模、数量和质量，据统计，前1‰的中国科学家发表的热点文章数在全球占比突破40%，高频被引文章数已超过1/4。第三，我们拥有全球最具潜力的大市场，可为各类创新主体提供广阔发展空间。第四，无论是我国科技人员自主创新还是我们党领导科技事业，在促进科学技术的创新发展上都积累了不少积极的经验。我们的政府具有强大的组织动员能力，有助于集中优势力量在战略性领域取得突破。更好地发挥政府作用，加强统筹协调，大力开展协同创新，集中力量抓重大、抓尖端、抓基本，形成推进自主创新的强大合力。

7. 掌握创新思维方法

提高创新思维能力，还需要掌握创新思维方法，如发散思维、收敛思维、逆向思维、换位思维、灵感思维和缺点列举法等。

发散思维又称辐射思维、扩散思维或求异思维，是指从一个目标出发，沿着各种不同的途径思考，多方位、多角度、多层次地思考，探求多种答案的思维。

收敛思维是指在解决某一问题时，于众多的现象、线索、信息中，锚定问题的一个方向思考，根据已有的经验、知识，针对问题提出最好的解决办法。

逆向思维也叫求异思维，是对司空见惯的、似乎已成定论的事物或观点反向思考的一种思维方式。对于一些特殊问题，常规的思维方法可能不管用。但如果从结论往回推，倒过来思考，从求解回到已知条件，或许会使问题简单化，从而获得意想不到的惊喜。

换位思维是设身处地为他人着想，即想人所想、理解至上的一种处理人际关系的思维方式。作为领导干部，在掌握换位思考方法时，可以尝试这样几种方式：与下属换位思考，与同事换位思考，与群众换位思考，与上下级部门换位思考。

灵感思维是长期思考的问题，受到某些事物的启发，忽然得到解决的思维过程。科学史上许多重大难题往往就是靠这种灵感的顿悟，奇迹般地得到解决的。但灵感并非神秘莫测，更不是心血来潮，而是在长期积累、艰苦探索过程中带有突发性的一种思维形式，它是一种必然性和偶然性的辩证统一。

缺点列举法就是将已知事物的缺点一一列举出来，通过分析选择，确定创新目标，制定革新方案，从而进行创造发明的创新技法。

（二）外因是事物变化发展的重要条件

要提高党员干部的创新思维能力，还必须营造良好的创新环境。

创新环境应该包括以下一些因素。

第一，大力弘扬创新精神。一部改革开放史，就是一部创新精神的成长史，"创新是改革开放的生命"。新时代，我们还要继续大力弘扬创新精

提高科学思维能力

神，鼓励运用创新思维应对新挑战、满足新期待和开拓新局面。要弘扬创新精神，必须营造宽容失败的社会环境。创新不可能一帆风顺、创新过程中出现这样那样的差错在所难免，但要把干部在推进改革中因缺乏经验、先行先试出现的失误错误，同明知故犯的违纪违法行为区分开来；把尚无明确限制的探索性试验中的失误错误，同明令禁止后依然我行我素的违纪违法行为区分开来；把为推动发展的无意过失，同为谋取私利的违纪违法行为区分开来。

第二，着力培养和集聚创新人才。人才是创新的根本与核心，建设创新型国家，就是要培养和集聚创新人才，关爱有担当有作为、敢于开拓创新的领导干部。一方面要完善创新人才培养模式，为创新人才减负降压；另一方面要不拘一格地择天下英才而用之，充分发挥创新人才的能动性，使其"创造活力竞相迸发、聪明才智充分涌流"，在政策导向上要鼓励探索、激励创新、崇尚实干，为改革者撑腰、为创新者鼓劲，形成一种良好的社会氛围和舆论导向，解除干部的后顾之忧，激励广大干部见贤思齐、奋发有为。

第三，完善机制。鼓励和推进创新思维的形成，不断提高创新思维能力，需要巩固和完善有利于激发全社会创新的体制机制。全社会创新活力的增强，是一个民族和国家兴旺发达的重要标志，优化公平竞争环境，进一步完善产权保护制度，激发各类市场主体创新活力，充分调动全社会的创新热情。在制度设计上，要破除阻碍创新思维的制度性、体制性、机制性障碍。首先，完善领导干部考核评价机制，要为敢于担当、善于作为的领导干部加分、优先提拔，充分发挥激励作用，鼓舞广大领导干部干事创业的热情和劲头。其次，完善相关法律法规，让创新于法有据。在党的十八届三中全会第二次全体会议上，习近平总书记指出：凡属重大改革要于法有据。在推进国家治理体系和治理能力现代化的总目标下，改革和创新必须在法治框架内运行。我们既不能以"打擦边球"的方式搞所谓的创新，更不能以改革创新之名凌驾于法律法规之上。对于领导干部而言，法治既是对改革创新者的基本约束，也是对改革创新者的保护。最后，建立国际交流与合作机制，形成协同创新效应。习近平总书记指出，"自主创新不是闭门造车，不是单打独斗，不是排斥学习先进，不是把自己封闭于世界之外"①。在谋划创新的过程中，决不能囿于自我封闭的小圈子，而是应积极主动"走出去"和"引进来"，充分整合和利用好全球创新资源，在国际交流与合作中提升创新思维能力。

中华文明是革故鼎新、辉光日新的文明，静水深流与波澜壮阔交织；中华民族始终以"苟日新，日日新，又日新"的精神不断创造自己的文明。不断提高创新思维能力，保持守正不守旧、尊古不复古的进取精神，涵养不惧新挑战、勇于接受新事物的无畏品格，大胆闯、大胆试，我们定能不断谱写"惟创新者进，惟创新者强，惟创新者胜"的历史新篇章。

习近平总书记说："生活从不眷顾因循守旧、满足现状者，从不等待不思进取、坐享其成者，而是将更多机遇留给善于和勇于创新的人们。"② 当前，世界百年未有之大变局正加速演进，在这个大变局中，中国是最大的变量。我们只有不断提高创新思维能力，才能永远站在历史的潮头，站得高、看得远，才能"不畏浮云遮望眼""乱云飞渡仍从容"，劈波斩浪、砥砺前行，牢牢把握历史发展的方向和主动权，早日实现中华民族伟大复兴。

---

① 习近平：《在中国科学院第十七次院士大会、中国工程院第十二次院士大会上的讲话》，人民出版社2014年版，第10页。

② 习近平：《在同各界优秀青年代表座谈时的讲话》，《人民日报》2013年5月5日。

提高法治思维能力

党的十八届四中全会通过的《中共中央关于全面推进依法治国若干重大问题的决定》指出，党员干部要自觉提高运用法治思维和法治方式深化改革、推动发展、化解矛盾、维护稳定能力，高级干部尤其要以身作则、以上率下。党的二十大报告再次强调，要不断提高战略思维、历史思维、辩证思维、系统思维、创新思维、法治思维、底线思维能力，为前瞻性思考、全局性谋划、整体性推进党和国家各项事业提供科学思想方法。

思维能力是指人们采用一定的思维方式，对事物进行分析、整理、鉴别、消化、综合，能动地通过现象把握事物内在联系，并据以进行决策的能力，是人类认识世界、改造世界能力的最直接体现。当前，人民群众的民主意识、法治意识、权利意识普遍增强，全社会对公平正义的渴望比以往任何时候都更加强烈。是否具备法治思维能力是判断新时代领导干部的党性修养是否达标、执政能力是否合格的重要标志。各级党员领导干部应主动适应新时代全面依法治国的战略要求，更好地发挥"关键少数"对全党、全社会的风向标作用，自觉地带动和引导全社会尊法、学法、守法、用法、护法，使之成为全体人民的共同追求和自觉行动。要深入学习和研究习近平法治思想及贯穿其中的世界观、方法论，精准把握法治思维的立场、观点、方法，将其作为分析问题、解决问题、推动工作的"总钥匙"，其中，提高法治思维能力尤为关键，总的要求就是要做到守法律、重程序，坚持法定职责必须为，法无授权不可为，保护人民合法权益，自觉接受监督。

一、法治思维能力的生成逻辑

（一）从"人治"到"法治"

1. "法治"是相对于"人治"的概念

截至目前，人类社会治理的模式，一是人治，二是法治，或者二者兼而有之，或者说，所有的治理模式都是介于人治和法治之间的。没有完全的人治，再原始、再专制的社会，也会有一定的规矩、要求；也没有完全的法治，因为法治的"法"，也是由人来制定、由人来执行和遵守的，既然是人，就会对法有不同的理解。我们评判一个国家的治理模式是人治还是法治，要看其中人治和法治的色彩哪个更浓重，以及浓重的程度，人治占主导的就可以称为人治国家，法治占主导的就可以称为法治国家。

习近平总书记指出：从我国古代看，凡属盛世都是法制相对健全的时期；从世界历史看，国家强盛往往同法治相伴而生。古今中外无数的治国理政实践证明，法治是国家治理较为高效、更有利于促进社会发展的治理模式，这种观点已经被人们所普遍接受。亚里士多德就曾提出"法治应当优于一人之治"。习近平总书记也引用过韩非子的论断——"国无常强，无常弱，奉法者强则国强，奉法者弱则国弱"。

3000多年前，古巴比伦国王汉谟拉比发现用法典来管理国家，能够让人们知道哪些事情可以做，哪些事情不能做，这样更能有效地治理社会，提高治理的效率。他编纂了著名的《汉谟拉比法典》，由此缔造了古巴比伦的辉煌。《汉谟拉比法典》确立的一些法律原则，特别是有关债权、契约、侵权行为、家庭以及刑法等方面的一些原则，均对后世产生了重大影响。

我国战国时期，百家争鸣，群雄并起。秦国当时地处西部边陲，从最弱的、长期被边缘化的国家发展成为最强大的国家，很大程度上就是因为商鞅变法采用了徙木立信、明刑峻法的法制。当然，今天我们讲的"法"与商鞅和韩非子的"法"还是有很大区别的。那时候的"法"是当权者为统治老百姓制定的法，而现代的"法"是为了维护全社会、全体公民的利益而制定的，但其中蕴含的依靠规则、制度和法律治理国家和社会的法治精神是一致的。

法治是一种治国的方略、社会的调控方式，它强调的是依法治国、法律至上，法律具有最高的地位。2014年10月23日，习近平总书记在党的十八届四中全会第二次全体会议上的讲话中指出：法律是什么？最形象的说法就是准绳。用法律的准绳衡量、规范、引导社会生活，这就是法治。

我们学习法治，要注意两个概念的区别，"rule by law"是"以法治国"，默认的治理的主体还是"人"，这种思想以先秦时期法家的思想为代表，实践形式也是以秦国及秦朝的实践最为典型，虽然制定有名目繁多的法律，但最终还是归于皇帝之一尊，还是人治。再一个概念是"rule of law"，即"法治"，治理的主体是"法"，是现代意义上的法治，因此我们常说，要"建设社会主义法治国家"。

现代法治是形式法治与实质法治有机结合，是以人民民主为前提的众人之治，是以人权保障、权力制约、公平正义等为主要内容的法律制度，是以严格依法办事为要求的治理机制。所谓形式法治，是指建立法律制度并以法律制度办事，有法律制度形式的法治；所谓实质法治，强调在法律制定和法律实施过程中要贯彻、体现"人民主权""法律至上""保障人权""权力制约""自由平等""公平正义""良法之治"等法治的价值、原则和精神。

2. 法治对于国家治理的意义

我们党历来重视法治建设。新中国成立后，我们虽历经坎坷，但对建设法治国家始终矢志不渝，从"五四宪法"到2018年通过宪法修正案，从"社会主义法制"到"社会主义法治"，从"有法可依、有法必依、执法必严、违法必究"到"科学立法、严格执法、公正司法、全民守法"，体现了我们党对建设社会主义法治国家规律认识的不断深化。

历史是最好的教科书，也是最好的清醒剂。我们党领导社会主义法治建设，既有成功经验，也有失误教训，"文化大革命"期间，法制遭到严重破坏，党和人民付出了沉重代价。"文化大革命"结束后，邓小平同志把这个问题提到关系党和国家前途命运的高度，强调"必须加强法制，必须使民主制度化、法律化"。习近平总书记指出，正反两方面的经验告诉我们，

提高科学思维能力

国际国内环境越是复杂，改革开放和社会主义现代化建设任务越是繁重，越要运用法治思维和法治手段巩固执政地位、改善执政方式、提高执政能力，保证党和国家长治久安。党的二十大报告强调："全面依法治国是国家治理的一场深刻革命，关系党执政兴国，关系人民幸福安康，关系党和国家长治久安。必须更好发挥法治固根本、稳预期、利长远的保障作用，在法治轨道上全面建设社会主义现代化国家。"

随着我国经济社会的持续发展和人民生活水平的不断提高，"人民日益增长的美好生活需要"不仅包括满足人民对物质文化生活的更高要求，而且包括满足在民主、法治、公平、正义、安全、环境等方面日益增长的新要求、新期待。法治具有明确性、权威性、稳定性、可预期性等一系列特性。人们的这些"美好需要"促使我们更加要依据规则、依靠法律治理社会，也要求我们的权力机关和公职人员要不断提高运用法治思维和法治方式处理社会事务，并在全社会范围内逐步引导形成基于法治思维的生活方式和行为方式。比如，人格权和个人信息的保护，在过去可能并不受关注，但是随着社会的发展，越来越为人们所关注，再以过去的简单方式处理已经满足不了人们对权利的期待。

（二）从"法治思维"到"法治思维能力"

2010年10月，《国务院关于加强法治政府建设的意见》指出："切实提高运用法治思维和法律手段解决经济社会发展中突出矛盾和问题的能力。"

2012年11月，党的十八大报告要求，"提高领导干部运用法治思维和法治方式深化改革、推动发展、化解矛盾、维护稳定能力"。这里第一次增加了"法治方式"，从而使"思维"与"行为"达到了统一，法治思维的理论更加完善。

2014年10月，党的十八届四中全会通过的《中共中央关于全面推进依法治国若干重大问题的决定》，要求"提高党员干部法治思维和依法办事能力"。

2017年10月，习近平总书记在党的十九大报告中指出，要坚持战略思维、创新思维、辩证思维、法治思维、底线思维，科学制定和坚决执行党的路线方针政策，把党总揽全局、协调各方落到实处。这就是总书记提出的"五大思维"。

2020年11月，习近平总书记在中央全面依法治国工作会议上指出，各级领导干部要坚决贯彻落实党中央关于全面依法治国的重大决策部署，带头尊崇法治、敬畏法律，了解法律、掌握法律，不断提高运用法治思维和法治方式深化改革、推动发展、化解矛盾、维护稳定、应对风险的能力。这一重要论述，凸显了法治思维在全面依法治国中的重要地位，涉及经济社会发展的方方面面，同时也是习近平法治思想"十一个坚持"中"坚持抓住领导干部这一'关键少数'"的重要组成部分。

2022年10月，习近平总书记在党的二十大报告中指出，不断提高战略思维、历史思维、辩证思维、系统思维、创新思维、法治思维、底线思维能力，为前瞻性思考、全局性谋划、整体性推进党和国家各项事业提供科学思想方法。在这里，习近平总书记系统提出了法治思维能力等七种思维能力。

通过梳理习近平总书记关于法治思维的重要论述，我们可以从中看出从法治思维到法治思维能力的"变"与"不变"。所谓"变"，是指法治思维能力相对于法治思维，增加了"能力"要求，体现了对党员干部胜任全面依法治国工作任务的主观条件方面要求。所谓"不变"，是习近平总书记对"法治"的念兹在兹，无论是"五大思维"还是"七大思维能力"，法治思维及其能力始终是习近平总书记高度重视和关注的。

（三）领导干部法治思维能力不足的主要表现

习近平总书记指出，各级领导干部要带头依法办事，带头遵守法律，

提高科学思维能力

牢固确立法律红线不能触碰、法律底线不能逾越的观念，不要去行使依法不该由自己行使的权力，更不能以言代法、以权压法、徇私枉法。但在现实生活中，仍有部分领导干部缺乏基本的法治思维能力，具体表现为以下几个方面。

1. 不屑学法，心中无法

有的干部愿意学文件、学政策，学习领导讲话，但是对于学习法律不屑一顾，认为与自己的工作生活毫不相干，直到犯了错误才追悔莫及。某市市委原副书记，利用职务上的便利，非法收受以及索取他人财物折合人民币4000余万元。他在忏悔录中写道，"我虽然在年轻时有过从警经历，但岗位变动后几十年不学法，主观意识中根本就没有把法律当回事，往往以身试法尚不自觉，经常错误地认为自己能钻法律的空子，骨子里对法律是大意和无视的"。

2. 以言代法，以权压法

一些领导干部特别是担任"一把手"的领导干部，过于相信自己的能力和权威，不依据法律法规的规定，而是凭借自己主观好恶，随意地进行决策。比如，原某省部级领导，在一次招商引资会议上，发现某县一副局长在会上打瞌睡，将其点名批评。点名批评没有问题，但是之后仅仅因此，该领导就勒令这个副局长辞职，罔顾公务员法和组织人事管理制度的明文规定。我们可以分析一下，副局长开会时睡觉肯定是不对的，这一点必须坚持，但是，作出决定之前是否也要考证一下其具体情形呢？是否有身体不适情况？是否因为前一天加班到深夜？是否要了解一下责令辞职的有关规定？

3. 飞扬跋扈，程序违法

有的领导干部作风强势，听不进不同意见，视法律规定、制度规定如无物，单位的大事小事由其一人说了算。某强制隔离戒毒所原党委书记、所长，在"三重一大"决策时，不执行"末位表态"的规定，只要听到不同意见就会打断对方发言，或者无限拉长会议时间迫使对方就范，还在会后指使工作人员修改会议记录，掩盖其"一言堂"的事实。

4. 利欲熏心，知法犯法

个别公职人员特别是手中握有一定权力的人员，明明知道法律法规的明确规定，但是贪图利益，想尽办法把手中的权力"变现"。2020年1月，一位货车司机王师傅向媒体反映某区交通运输执法局的工作人员向超载货车司机收钱放行的情况。王师傅说他从2019年10月起，经常前往某区运货，因车辆超载常被交通执法人员拦截罚款。多次被查后，他想办法结识了该交通运输执法局副局长张某，二人私下达成协议：王师傅经营的大货车，每辆经过该辖区路段时向张某交纳100元，张某则承诺，只要不是"上面领导带队查车"，保证这些超载货车在辖区界内通行，不会被检查、罚款。媒体曝光后，张某被开除公职，7名相关负责人员受到处理。

5. 不理"旧账"，消极违法

现代法治理念，要求在法律的框架下，公权力机关要守信践诺、取信于民，行政行为一经作出即具有约束力，不得随意撤销或者变更。2019年初，某合作社与某林场达成协议，双方合作共建4400亩（1亩≈666.67平方米）的竹笋种植基地。合作社把竹苗种下去了，林场那边却出了问题，合同迟迟签不下来。原因是2019年5月后，由于行政区域划分、机构改革等，林场划归另一区自然资源局管辖。该区自然资源局"新官不理旧账"，对林场归属前的项目漠视不理、一拖再拖，甚至在区政府召开专题会议协调项目推进后，仍然消极拖延、工作滞后。

上述种种，虽是个例，但无一不反映了当事的个人或者部门单位法治意识淡薄，法治思维能力匮乏，要通过加强宣传引导，严肃追责，完善制度，强化约束，不断提高广大党员干部的法治思维能力和依法办事水平。

二、法治思维能力的核心要义

法治思维能力是指特定主体运用法治思维和法治方式，认识、处理有关事务的能力。把握法治思维能力的核心内容，要对"法治思维""法治方式"这两个关键词有深入的认知和理解。

（一）法治思维

法治思维是指一定主体以法治理念为基础，运用法律规范、法律原则、法律精神对有关问题进行分析、综合、判断、推理，从而形成结论、作出决定的思维模式，即以法治的原则为基础，进行认知判断、逻辑推理、综合决策和构建制度的过程。

关于法治思维，可以从三个角度看其含义：一是从价值观上看，法治思维以法治理念和法治精神为基本导向；二是从实质上看，法治思维是思考和处理问题的一种思维模式；三是从方法论上看，法治思维强调运用法律规范、法律原则、法律精神。

具体而言，法治思维可以概括为六个主要特征：法治思维是一种规则思维，法治思维是一种公正思维，法治思维是一种程序思维，法治思维是一种契约思维，法治思维是一种权责思维，法治思维是一种权利思维。作为领导干部，应该注重把握以下几种思维能力。

1. 依据规则的思维能力

法治是规则之治。法治思维首先应该是规则思维。规则思维是基于法律规则的思维方式，具体体现为一种规则意识。古希腊哲学家亚里士多德认为，解除一国的内忧应该依靠良好的立法，不能依靠偶然的机会。"立法先行""良法善治"等讲的就是规则思维。规则思维强调先立规矩后办事，立好规矩再办事。前者要求处理好立规矩和行为的关系，即在二者的关系上，须先立规矩后办事；后者强调的则是规矩的质量。法律是治国之重器，是治国理政最重要的规矩。习近平总书记指出：人民群众对立法的期盼，已经不是有没有，而是好不好、管用不管用、能不能解决实际问题；不是什么法都能治国，不是什么法都能治好国；越是强调法治，越是要提高立法质量。

规则思维要求一切组织和个人必须坚持宪法和法律至上的理念，把法律作为最大的规矩，把依法办事作为重要准绳，守住合法性底线。习近平总书记指出：制度的刚性和权威必须牢固树立起来，不得作选择、搞变通、打折扣。作为公权力机关，办事必须合乎法律文本的规定，凡事都应当事先考虑"这合法吗"或者"这有法律依据吗"。

案例　村民小组诉县国土局土地确权案

杨某与村民小组发生土地权属争议。县国土局作出土地权属争议行政决定，将土地使用权确定归杨某所有。村民小组向县政府申请复议。县政府维持国土局行政决定。村民小组不服，向法院提起诉讼。

案例启示：县国土局所作出的本案所诉行政决定，超越其法定权限，属于越权行政。

2. 秉持公正的思维能力

法治思维是公正思维。公正思维是指行使公权力要保持客观、适度、合乎理性，秉持公平正义的价值理念，符合一般的道德评价标准。要坚持法律面前人人平等，同等情况同等对待，不同情况区别对待，不得恣意地实施差别待遇。行使自由裁量权时，应注重行政合理性，遵循比例原则，在全面衡量公益与私益的基础上选择对相对人侵害最小的适当方式进行，不能超过限度。

提高科学思维能力

> **案例** 汇丰公司行政处罚案

同利公司向 A 市规划局申请翻扩建中央大街 108 号院内的两层楼房。同年 6 月 17 日，同利公司与汇丰公司达成房屋买卖协议。A 市规划局先后颁发建设用地规划许可证、建设工程规划许可证。此后，汇丰公司向规划局申请扩建。在尚未得到 A 市规划局答复的情况下，汇丰公司建成两栋建筑。A 市规划局对汇丰公司作出处罚，要求对两栋建筑分别拆除 760 平方米（罚款 182400 元）、2964 平方米（罚款 192000 元），汇丰公司不服提起诉讼。

案例启示：规划局所作的处罚决定应针对影响的程度，既要保证行政管理目标的实现，又要兼顾保护相对人的权益，应以达到行政执法目的和目标为限，尽可能使相对人的权益遭受侵害的程度最小。

3. 程序正义的思维能力

法治思维是程序思维。"正义不仅要实现，而且要以人们看得见的方式实现"，这是一句著名的法律格言，其中所说的"看得见的方式"，就是程序。

程序思维要求一切工作都要注重程序性要求，严格按照法定程序、正当程序行使权力。任何法律法规被运用于现实生活时，必须遵循立法程序、执法程序、司法程序等法定程序。程序的正当性要求程序具有公开、中立、理性、可操作、平等参与和及时终结的特性，特别是"自己不得做自己的法官"。在行使公权力过程中，要注重遵循正当程序要求，依法及时公开信息，说明事实和理由，遇有利害关系时主动回避，注意听取公民、法人和其他组织的意见，保障公民、法人和其他组织的知情权、参与权、申辩权。

> **案例** 陈某诉 A 市规划局、城管局拆违案

1994 年 7 月，原告陈某在 A 市某学校北侧搭建亭棚 4 间。2010 年 7

月，两被告以该建筑未经许可系违法建设为由，下达《限期拆除通知书》"责令其在收到通知书之日起7日内自行拆除"。原告陈某不服，提起诉讼。

案例启示：规划局、城管局所作责令原告限期拆除所建亭棚的《限期拆除通知书》，未适用具体法律条款，未告知原告享有陈述、申辩的权利，违反了行政正当程序的要求。

4. 守信践诺的思维能力

法治思维是契约思维。契约思维是指在法律的框架下，做到契约自由，当事人意思自治。公权力机关要守信践诺、取信于民，切实维护自身公信力。行政行为一经作出即具有约束力，不得随意撤销或者变更。

案例 A省烟花爆竹生产企业诉省政府案

A省政府办公厅转发省安监局等七部门《关于烟花爆竹生产企业整体退出意见的通知》，要求全省75家烟花爆竹企业全部关闭，省政府按每家企业80万元的标准安排专项补助。其中24家烟花爆竹企业向省政府提出行政复议，要求撤销相关行政决定。省政府以文件属于内部行为为由，驳回了复议申请。24家企业提起行政诉讼。

案例启示：烟花生产企业整体退出属于产业政策调整的范畴，但调整应符合法律法规规定，不能损害相对人的合法权益。

5. 权责一致的思维能力

法治思维是权责思维。权责思维强调行使公权力要做到"法定职责必须为，法无授权不可为"。公权力具有权力与责任的双重属性，正所谓"有权必有责，权责应相当"。作为领导干部，一方面，应树立职权法定理念，坚持权力的来源和行使必须有明确的法律依据，要合法、合理地行使公权力，自觉接受监督，防止权力滥用；另一方面，必须依法履行职责，对自己的行为高度负责，不作为或者乱作为将承担不利的法律后果。行政机关不得法外设定权力，没有法定依据不得作出减损相对人合法权益或增加其义务的决定。

> **案例** 某镇政府以《通知》形式设定行政权力
>
> 某镇政府发布《关于加强秋季秸秆禁烧工作的紧急通知》，要求村民砍伐秸秆要办理秸秆砍伐证，并且明文规定："谁砍罚谁，谁烧罚谁"，"农户承包地砍伐或焚烧秸秆1亩以下的对该农户罚款300元，超过1亩的每亩罚款500元"。

案例启示：行政许可法、行政处罚法等有关法律规定，镇政府没有设定行政许可的权限，无权发文规定砍伐秸秆要办理手续并收取押金，也无权规定焚烧秸秆应进行罚款处罚。

6. 维护权利的思维能力

法治思维是权利思维。权利思维要求在行使公权力的过程中，坚持以人民为中心，树立尊重和保障人权的理念，明确法治建设的根本目的是依法维护公民的合法权利，用法治保障人民安居乐业。

> **案例** 昆山反杀案
>
> 2018年8月27日，刘某驾驶宝马轿车与同向骑自行车的于某发生争执。刘某从车中取出一把砍刀连续击打于某，后被于某反抢砍刀并捅刺、砍击数刀，刘某身受重伤，经抢救无效死亡。2018年9月1日，昆山市公安局发布通报，认定于某的行为属于正当防卫，不负刑事责任，依法撤销案件。

案例启示：公权力机关应当依法保障公民的合法权益。《中华人民共和国刑法》第二十条规定，对正在进行行凶、杀人、抢劫、强奸、绑架以及其他严重危及人身安全的暴力犯罪，采取防卫行为，造成不法侵害人伤亡的，不属于防卫过当，不负刑事责任。

（二）法治方式

法治方式是指一定主体在法治理念和法治精神的指引下，通过立法、执法、司法、守法等活动，依法对待和处理有关问题的方法与形式。

在实践中，法治方式主要表现为以下几种类型：一是通过设定行为规范明确预期；二是通过配置权利义务、职权职责确定社会秩序和社会关系；三是通过实施公权力行为对社会进行有效管理或治理；四是通过监督、问责、救济的方式确保公权力的正当行使；五是通过为不同的行为设定不同的法律后果促使形成利益导向机制；六是通过正当程序的规范提高行为的民主性、科学性；七是通过法律程序解决争端，维护社会稳定。

从法治思维与法治方式的辩证关系看，法治思维与法治方式是法治思维能力的两个方面，两者之间归根结底是价值观与方法论的关系，法治思维是价值观，法治方式是方法论，价值观决定方法论，方法论体现价值观，二者相互作用、相互促进。

领导干部提升法治思维能力，要深化对法治思维、法治方式的认识，坚守"法定职责必须为，法无授权不可为"的法律底线，不断增强自身法治素养，做到法治理念内化于心、法治能力外化于行。

三、法治思维能力的实践要求

党员领导干部要带头尊法学法守法用法，提高运用法治思维和法治方式深化改革、推动发展、化解矛盾、维护稳定、应对风险的能力。

（一）以法治思维和法治方式全面深化改革

改革和法治具有深刻的内在关联性。从目标上看，改革的总目标是完善和发展中国特色社会主义制度，推进国家治理体系和治理能力现代化。法治的总目标是建设中国特色社会主义法治体系，建设社会主义法治国家，其中中国特色社会主义法治体系，既是中国特色社会主义制度的法律表现形式，也是国家治理体系的骨干工程。从功能上看，改革所需要的秩序环境依赖法治提供，法治所追求的法治体系有赖改革推进，特别是深化法治领域改革。同时，也要看到改革和法治也存在差异性，从一定意义上说，改革是破、法治是立，改革是变、法治是定。对改革和法治的关系，习近平总书记强调，当前，我们要着力处理好改革和法治的关系，必须坚持改革和法治相统一、相促进。

要避免两种认识误区：一种观点认为，改革就是要冲破法律的禁区，现行法律的条条框框妨碍和迟滞了改革。一句话，改革要上路，法治要让路。这种观点容易导致在实践中违法改革，甚至以改革之名行违法乱纪之实。另一种观点认为，法律要保持稳定性、权威性，因此法律很难引领改革、适应改革的需要。这种将改革和法治对立起来的观点，只重视法治对改革成果的确认、保障作用，不注重发挥法治对于改革的引领、推动作用，容易导致以法治的名义延误改革。

习近平总书记强调，在整个改革过程中，都要高度重视运用法治思维和法治方式，发挥法治的引领和推动作用，加强对相关立法工作的协调，确保在法治轨道上推进改革。

1. 坚持以法治凝聚改革共识

全面深化改革既涉及多元化利益格局的调整，也需要思想观念的转变，在改革的领导者与不同社会成员的互动中不断调整改革方案，获得最大公约数。法治提供了社会行为规则，是凝聚改革共识的基本方式。比如，改革开放初期的家庭联产承包责任制度改革，以及现在农村集体土地三权分置改革，前者解决的主要是温饱问题，后者解决的是长期持续健康发展问题。

2. 坚持以立法引领改革

注重把党的领导贯穿法治建设全过程，运用法治思维和法治方式，依照法定程序把改革方案和举措上升为国家意志。在研究改革方案和改革措施时，要同步考虑改革涉及的立法问题，及时提出立法需求和立法建议。

3. 坚持以法治方式授权改革

改革既不是"法外之地"，更不是"法律禁地"。对实践条件还不成熟、需要先行先试的，要按照法定程序作出授权，既不允许随意突破法律红线，也不允许简单以现行法律没有依据为由迟滞改革。

4. 坚持以立法预留改革空间

对有些正在探索推进改革的领域，虽然改革的方向和重大举措确定了，但某些具体改革措施和制度设计还不成熟，认识也不尽一致，这时立法就应当具有一定的前瞻性，为将来进一步的改革预留空间。

5. 坚持以立法破除改革障碍

习近平总书记强调，对不适应改革要求的现行法律法规，要及时修改或废止，不能让一些过时的法律条款成为改革的"绊马索"。党的十八大以来，我国法律法规修改废止的进程逐渐加快，不少都是"打包"修改、"一揽子"修改，对涉及的法律法规进行系统清理，提出处理意见，如城乡人身损害赔偿标准的改革。

6. 坚持以法律解释满足改革需要

法律解释是在保持法律规定不变的状态下对法律条文的具体适用作出进一步明确或补充，有利于保持法律的稳定性，是一种比较便捷的以立法支持改革的方式。

（二）以法治思维和法治方式推动高质量发展

推动高质量发展是党的二十大报告作出的重大战略部署，必须坚持法

提高科学思维能力

治思维和法治方式完整、准确、全面贯彻新发展理念，推动我国经济高质量发展，解决发展不平衡不充分问题。

1. 以法治思维和法治方式为创新发展发挥支撑作用

创新是发展的第一动力。党的二十大报告提出："坚持创新在我国现代化建设全局中的核心地位。"只有坚持创新是第一动力，才能推动我国实现高质量发展，塑造我国国际合作和竞争新优势。关键问题是如何保持社会的创新精神，这是法治建设需要解决的首要问题。知识产权是创新的重要载体，保护知识产权就是保护创新，能够有效提升中国经济竞争力。完善知识产权法规体系，强化知识产权全链条法律保护，切实维护社会公平正义和权利人合法权益，有利于全面提升知识产权创造、运用、保护、管理和服务水平，更好地激发全社会创新活力，提升自主创新能力。

> **案例** 加大知识产权保护力度，更好地激发创新创造活力
>
> 甲公司向专利局申请两项实用新型专利。乙公司认为，甲公司与其合作期间，违反保密义务约定，以乙公司提供的技术申请涉案两专利，遂向人民法院提起诉讼，请求确认两专利权归乙公司所有。法院认为，涉案专利技术方案是甲公司基于乙公司技术方案的改进技术方案，但有关改进不具备实质性特点，故判决两涉案专利权归乙公司所有。本案合理界定了技术来源方和技术改进方获得权利的基础，避免没有作出实质性技术贡献的主体通过申请专利将他人非公开技术方案据为己有，有力保护了技术来源方的合法权益。司法机关加大知识产权保护力度，为市场主体激发创新活力夯实了良好的制度保障。

2. 以法治思维和法治方式为协调发展提供有效机制

推动高质量发展是一个系统工程，需要统筹兼顾、系统谋划、整体推进，要求实现物质文明和精神文明协调发展、城乡区域协调发展。法治为

破解推动协调发展中遇到的体制机制障碍、难点堵点问题提供制度化方案。比如，区域协调发展需要不同地方在政策、规则等方面加强协调对接，有利于推进区域协调发展机制的制度化、规范化、程序化。

> **案例** 协同立法推动区域协调发展迈向更高水平
>
> 区域协调发展，离不开立法保障。作为一种新型的法治工具，区域协同立法有助于提高区域法制的协调性，促进区域范围内的资源共享与合作，合力应对区域内的共同问题，推动区域协调发展迈向更高水平。长三角地区江浙沪皖四地人大在大气污染防治方面的协同立法，做到了同步立项、同步起草、同步审议、同步通过和同步实施。2023年，修改后的《中华人民共和国立法法》明确规定省、自治区、直辖市和设区的市、自治州可以建立区域协同立法工作机制。至此，区域协同立法制度正式以法律的形式确定下来。

3. 以法治思维和法治方式为绿色发展更好保驾护航

生态优先、绿色发展是高质量发展的一个显著特点。党的十八大以来，以习近平同志为核心的党中央坚持把"绿水青山就是金山银山""山水林田湖草沙是生命共同体"等生态文明理念体现到法治建设和法律规则中，依靠法治、依靠制度保护生态环境。在完善法律体系的基础上强化法律执行，用最严格的制度、最严密的法治保护生态环境，切实增强高质量发展的绿色底色。

> **案例** 加强生态保护监管，扭转生态环境恶化趋势
>
> 祁连山是中国生物多样性最丰富的地方之一。但随着采矿、电站、旅游等开发项目逐年增多，多次引起中央高度关注。2015年9月，原环保部、原林业局约谈地方及其主管部门，习近平总书记先后四次作出批示，要求抓紧整改。甘肃省及有关地方思想认识有偏差，对党中央决策部署没有真

正抓好落实，在立法层面为破坏生态行为"放水"，监管层层失守，不担当、不碰硬，整改落实不力。为严肃法纪，经中央批准，决定对相关责任单位和责任人进行严肃问责，由此推进了整改工作的深入。

4. 以法治思维和法治方式为开放发展注入强大动力

开放是国家繁荣发展的必由之路，法治为开放发展营造市场化、法治化、国际化的一流营商环境。实践表明，对外开放越深入、外部发展环境越复杂，越需要法治推动对外开放迈向更高层次。

> **案例** 民营企业法定代表人卞某非法经营宣告无罪案
>
> 卞某系某民营公司的法定代表人。2015年7月起，公司开始销售生产型号为SE的生物能量仪，后被某区市场监督管理局发现并查扣127台，并认为公司未取得生产许可证和销售备案而进行生产、销售，涉嫌非法经营。法院认为，根据"法无规定不处罚"的原则，只有在被列入医疗器械名录、明确其定义，并将相应的规范性文件公之于众后，才能对"未经许可"进行生产或经营的行为人追究相应的法律责任。而本案根据医疗器械分类目录，涉案SE生物能量仪未纳入医疗器械管理，不能将预知责任转嫁到卞某身上。并且，医疗器械的认定，需要进行专业判断，必须遵循科学的鉴定手段，符合规范的鉴定程序。同时，涉案产品的消费者均未反映使用SE生物能量仪后会产生人身损害，涉案产品具有社会危害性缺乏证明。据此，依法判决卞某无罪。司法实践要贯彻谦抑审慎，避免兜底罪名的泛化适用，防止以刑事手段干预民事争端和替代行政处罚。本案的裁判对类似案件的处理具有借鉴意义，有助于保障民营企业家安心经营。

5. 以法治思维和法治方式为共享发展夯实制度保障

共享是中国特色社会主义的本质要求。新时代，我们坚持把以人民为中心的发展思想贯穿立法、执法、司法、守法各个环节，加快完善体现权利公平、机会公平、规则公平的法律制度，保证人民依法享有广泛权利和自由，保障人民平等参与、平等发展权利；加强社会保障立法工作，加强慈善领域法治建设，构建初次分配、再分配、第三次分配协调配套的制度体系，有力促进共同富裕。在法治的保障下，共享发展得到更加切实的体现，人民群众获得感、幸福感、安全感有效提高。

> **案例** 城乡公益岗为就业困难人员的"口袋"兜底

开发公益性岗位，托底安置就业困难人员，是山东统筹城乡就业、促进乡村振兴、推动共同富裕的一项重大制度创新、重要民生实事。山东省推出城乡公益性岗位扩容提质行动实施方案，确定"十四五"期间创设约120万个城乡公益岗，其中2022年就创设了约40万个。在公益岗位设置和人员安置上，既照顾弱势群体做好兜底保障，也结合各地实际情况，关注服务效果。着眼补齐公共服务短板，主要开发公共管理、公共服务、社会事业、设施服务、社会治理五类岗位，其中乡村公益性岗位约100万个，城镇公益性岗位约20万个，实现劳动就业、照顾家庭、社会服务、多渠道增收融合促进。

（三）以法治思维和法治方式化解社会矛盾

党的二十大报告要求："完善正确处理新形势下人民内部矛盾机制"，"及时把矛盾纠纷化解在基层、化解在萌芽状态"。化解社会主要矛盾，满足人民对美好生活的需要，必须依靠法治，必须使人的需求体系与法治保障体系协调发展。

1. 用规则思维、公正思维来化解社会矛盾

在实践中，个别地方潜规则盛行、社会不公是导致各种社会矛盾的主要原因。以法律的确定性、权威性、公正性的"明规则"战胜各种"看人

提高科学思维能力

下菜碟"的潜规则，实现法律面前的公平对待，以规则思维和公正思维化解社会矛盾，是维护社会稳定的治本之策。

案例 以规则思维化解征地拆迁矛盾，保护群众利益

针对北京大兴国际机场征地拆迁过程中产生的矛盾和纠纷，当地政府注重运用法治思维和法治方式化解纠纷矛盾、保护群众利益。制定方案，坚持在公开公正的基础上设计出公平均衡的补偿方案，引导村民理性认识机场建设征地拆迁。征地拆迁过程始终坚持信息公开透明，分类做好矛盾纠纷化解。注重发挥司法机关能动作用，扩大典型案例的公开审判和宣传，充分发挥律师的法律服务作用，解释法律疑惑。2015年，北京大兴国际机场主要建设区域累计签约7005户，签约率达100%，未出现一起群体访和个人越级访，实现了和谐无震荡拆迁。

2. 正当程序是化解社会矛盾的基本路径与依据

在化解矛盾的过程中，不仅要追求实体结果的公正，而且要实现"看得见"的正义。践行正当程序的基本要求，经过法定步骤和程序，依据公开、平等对待，能够最大限度地实现处理结果的公正性和合理性，以程序正义保证实体上的公平正义，促使当事人能够心悦诚服地认可、承认问题处置或裁判结果，实现社会矛盾的溯源治理。运用法治思维和法治方式化解矛盾，不仅要求处理问题的结果合法，而且要求过程合法；不仅要求内容和实体合法，而且要求手段和程序合法。

案例 杨某诉某省人民政府行政复议案

杨某不服某区法律援助中心作出的不予法律援助决定，向区司法局提出异议。该局作出答复意见，认为该不予法律援助决定内容适当。杨某对答复意见不服，向市司法局申请行政复议。该局告知其所提复议申请已超

过法定申请期限。杨某不服，向市政府申请行政复议。市政府于 2013 年 10 月 30 日告知其所提行政复议申请不符合受案条件。杨某不服，向省政府申请行政复议。省政府于 2013 年 11 月 18 日对其作出不予受理行政复议申请决定。杨某不服，提起行政诉讼，请求撤销该不予受理决定，判令政府赔偿损失。最高人民法院认为，申请行政复议和提起行政诉讼是法律赋予公民、法人或者其他组织的权利，其可以在申请行政复议之后再行提起行政诉讼。但杨某在提起行政诉讼之前，针对同一事由连续申请了三级行政复议，明显且一再违反一级行政复议制度。对于明显违反行政复议制度的复议申请，行政复议机关不予受理后，申请人对此不服提起行政诉讼的，人民法院可以不予立案，或者在立案之后裁定驳回起诉。

3. 构建以司法为最后一道防线的多元化解矛盾机制

面对大量复杂的各种社会矛盾和纠纷，应建立社会矛盾纠纷预防化解机制，完善调解、仲裁、行政裁决、行政复议、诉讼等有机衔接的多元化纠纷解决机制。司法应被看作解决社会纠纷、实现社会公平正义的最后一道防线。法律制度为化解社会矛盾提供了不同的渠道、程序机制，如解决平等主体利益纠纷可以采用法院诉讼、人民调解、仲裁等渠道、程序机制；行政相对人与行政机关之间因行政处罚产生争议可以通过行政诉讼、行政复议机制等予以解决，法治提供了公平公正的矛盾解决机制。

（四）以法治思维和法治方式维护社会稳定

习近平总书记指出："维权是维稳的基础，维稳的实质是维权。人心安定，社会才能稳定。对涉及维权的维稳问题，首先要把群众合理合法的利益诉求解决好。"[①] 法治是社会稳定的重要保障，在维稳实践中，要坚持把

[①] 中共中央文献研究室编：《习近平关于社会主义社会建设论述摘编》，中央文献出版社 2017 年版，第 147 页。

提高科学思维能力

法治思维和法治方式贯穿始终。

1. 加强重点领域立法维护国家安全

国家安全是民族复兴的根基，社会稳定是国家强盛的前提。以法治思维和法治方式维护社会稳定必须在立法上维护国家安全。新修订的《中华人民共和国反间谍法》是党的二十大后国家安全领域一部重要立法，作出一系列相关规定，将党的主张通过法定程序转化为国家意志。

> **案例　国内知名咨询公司沦为境外情报机构帮凶**
>
> 某公司是我国咨询行业的龙头企业之一，其主要业务是寻找各个领域的专家，为不同行业的企业提供咨询服务。为了获取更多的利润，该公司逐步将政策研究、国防军工、能源资源等涉及国家安全的领域也纳入了"咨询"的范畴，并且接受了大量来自境外企业和机构的委托。这些境外委托方并非真正需要咨询服务，而是利用该公司作为中间人，通过电话、视频等方式与我国各个领域的专家进行"咨询"，借机刺探、窃取我国的机密信息。2017年至2020年，该公司接收了上百家境外企业的汇款，总金额高达7000多万美元。目前，该公司的所有涉案人员已经被国家安全机关依法处理。

新修订的《中华人民共和国反间谍法》明确了单位的反间谍安全防范主体责任，也明确了地方政府和行业主管部门职责分工内的管理责任。各级各部门特别是党政领导干部要认真学习了解新修订的《中华人民共和国反间谍法》的相关规定，增强反间谍防范意识，自觉尊法守法。同时，国家安全机关应指导有关单位开展反间谍宣传教育活动提高防范能力，加强反间谍专业力量人才队伍建设和专业训练等，不断提升反间谍工作能力。

2. 增强公正司法实效保障人民利益

党的二十大强调了前进道路上必须牢牢把握坚持以人民为中心的发展思想这一重大原则，对增进民生福祉、提高人民生活品质作出了战略部署。

提高法治思维能力

人民至上是推进全面依法治国必须恪守的最大逻辑，要扎扎实实办理好每一个司法案件，维护最广大人民的根本利益，让人民群众的获得感、幸福感、安全感更加充实、更有保障、更可持续。

案例　"5·09"特大电信网络诈骗专案

"5·09"专案是近年来四川法院系统审理的被告人人数最多、涉案金额巨大、被害人分布广泛、犯罪链条最为完整的投资理财类电信网络诈骗案件。2018年以来，夏佳等人招募人员组成跨国电信网络诈骗集团。通过在广州设立广告公司，诱骗被害人加入"杀猪盘"微信、QQ群，引诱其投资虚拟货币。诈骗集团先后在中国广州、柬埔寨金边等地对中国民众行骗，截至案发，查实被害人已逾500人，涉案金额高达1.4亿余元。2021年，在省法院的统筹协调下，达州、南充、广安、巴中、内江5市的20个基层法院分别受理了49件"5·09"专案系列诈骗案件。经过多次补诉、开庭审理，至2021年12月17日，20个基层法院已完成对49件共计590名被告人的一审宣判工作。对590名被告人共判处罚金6921.7万元，追缴违法所得2820万元。

3. 提升执法水平推动规范文明执法

行政执法是维护社会秩序的一个重要手段，加强行政执法有利于更好地维护社会稳定。行政执法能力和水平关乎人民群众生活的方方面面，要建立健全行政执法的法治化机制、增强行政执法工作人员的素质、搭建行政执法的信息化平台及建立快速响应机制等维护社会秩序，保障人民群众的合法利益。

案例　广东省建设三库三平台实现标准化数字执法

2019年，广东省启动"标准化数字执法平台"工程建设，通过建设

"三库"（法律法规库、执法事项库、执法主体及人员）和"三平台"（执法办案平台、执法监督平台、执法公示平台），推动实现省、市、县（市、区）、乡镇（街道）四级行政执法主体的执法程序网上流转、执法信息自动采集、执法活动网上监督和执法情况网上查询，着力提高行政执法网络化、智能化水平。一是开展网上办案，推动实现规范执法。二是固化执法清单，推动实现严格执法。三是落实"三项制度"，推动实现公正执法，保障全过程执法网上可查询、可追溯、可监督。四是推动数据共享，推动业务数据一次共享、多处应用，切实为执法人员减负。

（五）以法治思维和法治方式应对风险

当今世界正在经历百年未有之大变局。大国关系竞合博弈，全球化动荡调整，文化多元化逐步走强，新技术新产业势不可当，"黑天鹅""灰犀牛"事件层出不穷，我国面临的经济风险、社会风险、环境风险等日益增强。党的十八大以来，法治思维作为治国理政的重要方法论，已经成为领导干部提高风险防范和化解能力过程中必须具备和运用的思维能力。

1. 坚持理性分析沉稳应对

法治思维是理性思维，领导干部运用法治思维防范化解风险，就要未雨绸缪，善于理性分析风险的形成机制，查找法律不完善因素，密切关注风险因素和风险点，并及时对风险因素和风险点进行分析研判，理性思考，积极制定应对举措。

> **案例**　浙江欧星环美应对欧盟反倾销调查案

2019年2月15日，欧盟委员会（以下简称欧委会）对中国公路用钢制轮毂生产企业进行反倾销调查，决定对涉案产品征收50.3%或66.4%的高额反倾销税。本案涉及企业之一浙江欧星环美公司，主要生产钢制车轮，年出口额超过1000万美元。收到欧委会反倾销调查消息后，浙江省市区商务部门通力合作：一是第一时间通知企业，提前做好相关抗辩准备；二是到企业现场提供"三服务"，进行应诉指导，分析案情与应对策略；三是积极鼓励与支持企业聘请精通反倾销法律专家，运用法律武器进行应诉。经过各方不懈努力，2020年3月4日，欧委会发布本案最终裁决，浙江欧星环美被豁免。

领导干部面对风险不能手足无措毫无章法，作出应对决策时要理性思考，在查清风险情况的基础上，充分考虑相关因素，恪守职权边界，以法律规定为准绳，遵守法定程序，大胆运用法律手段，积极作为，切忌感情用事，更不能随意作决策。

2. 做足先手打有备之战

运用法治思维和法治方式防范化解风险，要善于运用法律规则、完善风险防范体系，为实现应对上的游刃有余，做足先手工作，打法律风险防范的有准备之战。

> **案例** 从镓、锗等关键性战略资源对美实施反制

近年来，如何应对企业"走出去"的境外合规风险成为亟须解决的难题。2023年7月3日，商务部发布2023年第23号文，根据《中华人民共和国出口管制法》《中华人民共和国对外贸易法》《中华人民共和国海关法》有关规定，为维护国家安全和利益，决定对镓、锗相关物项实施出口管制。基于美国在AI、卫星、半导体、新能源等高科技领域对我国实施制裁和管制，我国对镓和锗的出口管制，能够有效反制美国的科技产业。全球镓和锗的储量不多，镓的世界总储量约23万吨，中国的储量是全球储量的80%—85%，占有绝对性的全球主导地位。可以预见的是，中国实施对镓、锗等资源的出口管制后，美国的科技产业将面临供应链断链的风险。

3. 强调依规而为游刃有余

法治思维是强调守规则、用规则的思维，防范化解风险要依规则而为。防范应对内部风险，尤其是社会稳定风险，要通过依规则维护群众权利实现，达到维护稳定和社会秩序的治理目的。防范应对外部风险，要善于运用法治思维，在现有国际争端解决机制框架内，拿起国际法、国内法的法律武器，占领法治制高点，向破坏者、搅局者说不，勇于维护主权和国家权益。

> **案例** 加强涉外领域立法应对美国"长臂管辖"
>
> 自美国实施"长臂管辖"制裁政策以来，全球许多国家都曾遭受其打压。我国作为重要的经济大国，也多次受到美国的"长臂管辖"制裁压力，如美国打压我国中兴通讯、华为等科技企业，并在第三国拘押我国公民。为维护我国海外利益和公民权益，2023年6月28日，十四届全国人大常委会第三次会议通过了《中华人民共和国对外关系法》，这是中国首部专门规范对外关系的法律。该法于当年7月1日起正式施行，为中国发展对外关系提供了法律依据和制度保障。此外，我国还制定了《中华人民共和国反外国制裁法》《阻断外国法律与措施不当域外适用办法》等，旨在保护中国在对外关系中免遭制裁的法律，对美国实施的"长臂管辖"政策给予了有力回应。

总而言之，法治思维能力是基于法治信念、对法治的尊崇和敬畏而形成的思维方式和行为方式。领导干部提升法治思维能力，必须深刻理解法治的基本精神，不断强化规则思维、公正思维、程序思维、契约思维、权责思维和权利思维，自觉做到法定职责必须为，法无授权不可为，善于运用法治思维和法治方式深化改革、推动发展、化解矛盾、维护稳定、应对风险，全面推进各自领域工作法治化，引领全社会形成尊法、学法、守法、用法的良好氛围。

提高底线思维能力

底线思维是我们党治国理政的重要方法，能否坚持底线思维，是检验新时代领导干部能力高低的重要标准。党的二十大报告提出，我国发展进入战略机遇和风险挑战并存、不确定难预料因素增多的时期，各种"黑天鹅""灰犀牛"事件随时可能发生。我们必须增强忧患意识，坚持底线思维，做到居安思危、未雨绸缪，准备经受风高浪急甚至惊涛骇浪的重大考验。

底线思维是基于科学世界观的方法论。科学的世界观和方法论是我们研究问题、解决问题的"总钥匙"。坚持底线思维是习近平新时代中国特色社会主义思想的世界观和方法论的重要内容。在我们党的思想方法和工作方法中，战略思维、辩证思维等早已有之，但底线思维是在党的十八大以后新提出来的。自2013年首次明确提出底线思维概念后，习近平总书记十分重视底线思维的运用，在多种场合反复强调底线思维。那么何为底线思维，新时代领导干部为什么要高度重视提高底线思维能力，又如何提高底线思维能力呢？

一、正确理解底线思维

（一）底线思维的基本内涵与核心特质

什么是底线？"底线"一词是人们在工作和生活中经常使用的词语。在不同的语境中，底线往往有着不同的含义。例如，体育运动中的底线是球场场地两端的端线，是有效运动的最大范围；道德底线是为人处世的基本原则、道德行为和道德评价中不能突破的底线；法律底线是法律所规定的红线；谈判底线是谈判双方各自坚守的最低限度；等等。尽管人们在不同语境中使用"底线"一词时有着特定的具体内涵，但是各类"底线"仍有一些共同之处。第一，底线是不可跨越的临界线、临界点或临界域。换句话说，底线是指不可逾越的红线、警戒线、限制范围、约束框架。第二，底线是主体依据自身利益、情感、道义、法律等所设定的。底线是主体心理可以承受或能够认可阈值的下限，是主体在进行某项活动前设定的最低目标和基本要求。第三，从哲学角度来讲，底线是由量变到质变的一个临界值，一旦量变突破底线，即达到质变的关节点，事物的性质就会发生根本性的变化。

底线思维与底线密切相关，但二者不能直接等同，存在明显的不同。人们知道了底线在哪里，并不能确保其具备了底线思维。所谓底线思维，就是客观地设定最低目标，立足最低点，争取最大期望值的思维方法。习近平总书记多次强调："要善于运用'底线思维'的方法，凡事从坏处准备，努力争取最好的结果，这样才能有备无患、遇事不慌，牢牢把握主动权。"[1] 习近平总书记还强调："党的十八大以来，我多次强调要坚持底线思维，就是要告诫全党时刻牢记'安而不忘危，存而不忘亡，治而不忘乱'。"[2]

提高底线思维能力，要求善于运用底线思维的方法，居安思危、未雨绸缪，凡事从最坏处着眼、向最好处努力，打有准备、有把握之仗，牢牢把握工作主动权，着力防范化解重大风险。通过对概念的把握，我们可以看出底线思维具有以下特点。

第一，底线思维是一种边界思维。底线思维明确指出什么是不可跨越的底线，从而科学有效地限定了思考、决策、行动和评价的范围，明确了不可逾越的边界。

第二，底线思维是一种风险思维。也就是说，具备底线思维意味着认真计算风险，估算可能出现的挑战甚至可能发生的最坏情况，做到心中有

---

[1] 中共中央宣传部编：《习近平总书记系列重要讲话读本（2016年版）》，学习出版社、人民出版社2016年版，第288页。

[2] 《习近平谈治国理政》第三卷，外文出版社2020年版，第96页。

数，防患于未然。习近平总书记强调："各种风险我们都要防控，但重点要防控那些可能迟滞或中断中华民族伟大复兴进程的全局性风险，这是我一直强调底线思维的根本含义。"①

第三，底线思维是一种系统思维。底线思维是基于对矛盾双方在一定条件下相互转化的对立统一规律的深刻把握，是蕴含了辩证法、实践论的系统思维。底线思维坚持用两点论看待问题，既看到机遇和自身优势，又看到威胁和自身短板，未雨绸缪、防范和化解风险，促进形势向有利方向转化，牢牢把握主动权。

第四，底线思维是一种战略思维。作为一种前瞻性思维，底线思维具有关注未来、关照全局、重视根本的战略思维特性。底线思维是一种在事物发展结果还未确定之前，对事物发展潜在可能性的超前认识，是一种预见、预判的战略思维。底线思维通过战略性的思考和行动帮助我们在工作中化风险为坦途，变挑战为机遇。

第五，底线思维是一种积极主动思维。底线思维并不是一种消极、被动和单纯防范的思维方式，更不是仅仅守住底线而无所作为。一方面，它要求主动运用这一思维，思考什么是底线、底线在哪里、底线在系统布局中的战略地位是什么、超越底线的最大危害是什么、有哪些原因会导致超越底线、如何有效远离或规避底线等问题，从而更好地掌握战略主动权；另一方面，它要求从底线出发，步步为营，在保底的前提下，不断逼近顶线，不断收获更新更大更好的战略利益。也就是说，不但要思，更要去行；不仅要防范风险，而且要主动出击，以实际行动化解风险。

（二）底线思维蕴含的哲学智慧

底线思维有着深厚的哲学根基，是基于对世界本质和规律的认识与把

---

① 中共中央党史和文献研究院编：《习近平关于防范风险挑战、应对突发事件论述摘编》，中央文献出版社 2020 年版，第 16 页。

提高科学思维能力

握的思想方法，是世界观与方法论、真理性认识与行动规范的统一，体现了马克思主义哲学智慧。

其一，任何事物的存在都是有度的，追求发展必须保障底线。一个事物的限度，其实是该事物转化为其他事物的边界——临界线，超越了这条线，该事物就不再是其所是，而变成了其他事物。因此，对于该事物而言，这条临界线也就是该事物成其为该事物的底线。人类社会是一个系统，对于整个世界而言，发展之所以可能，是因为其内在矛盾是根本动力。从系统论的角度看，系统各要素发展的不平衡是系统发展的重要动力之源。但底线思维要求这种系统内部的不平衡必须保持在一定的度内，否则这个系统还没有等到合乎目的的发展，自身就会瓦解，导向非目的性的质变。或者说，事物发展到新质与否最后取决于非平衡因素中极端的关键少数。因此保障底线是保障整体发展水平的基本前提，否则即使某些方面得到了极大的发展，整个系统也未必得到质的提升，甚至会埋下走向反面的伏笔。

其二，自由以把握必然为前提，行动自由不能逾越底线。人人都追求自由，但无论是主动去做的积极自由，还是免于限制的所谓消极自由，现实的自由总是在一个必然世界中获得的，而不是在幻想中摆脱必然的独立任性。在今天看来，这个必然世界不仅指不以人的意志为转移的纯粹客观世界，而且指一定社会构造，最终从它们的规定性"生长"出规则、规矩、制度、纪律的那些主体间的客观事物。其中，后一种必然建立在一定组织、共同体的共识、信任、信仰的基础上。尽管从历史的高度看，这种必然并不那么必然，总是会发生这样或那样的改变，但是在一定的历史时期内，这种主体间的客观必然性又是相对稳定、确定的。这也就意味着，这些规定性划定了一个范围，在此范围之内是自由的，逾越了这个范围自由就将不复存在，而这个范围的边界就是底线。

其三，事物发展有多种可能，既有好的可能性也有坏的可能性，面向未来必须预见底线——避免最坏的可能。事物不是一成不变的，其发展变化是从潜在变为现实，方向、结果并不是既定的，而是取决于各种条件、因素，因而事物的发展是一个可能性的集合。当然，这个集合是有边界的，从人的角度看，这个可能性集合上有"顶"、下有"底"。所谓"顶"，就是最符合人的动机、目的的结果，即所谓最好的结果（效果）；所谓"底"，就是最不符合人的动机、目的的结果，即所谓最差的结果（后果）。毫无疑问，人们总是追求最好的结果，却往往忽视了坏的可能尤其是最坏的可能。底线思维则强调想问题、做事情必须做最坏的打算，争取最好的结果。

（三）传统文化中蕴含的底线思维

底线思维所蕴含的大智慧在人类思想特别是中国传统文化中能找到很多根据或高度契合之处。

其一，中国传统文化中底线思维的哲学基础是天人合一。人道源于天道，人性通于物性。底线是事物存在的尺度和人的行为标准，尺度或标准的设立有天然依据，传统文化称为"道"。"道"作为天下万物之则，是人和万物统一的基础。儒家认为圣人的根本特点就是顺应天道。天道有度，度就是底线。人道源于天道，不代表人总是能够按照天道行事。例如，人往往放纵欲望的膨胀，超过适度的自然需求就是背道而驰，就是突破了底线。背道的状态是有害的，应通过道德修养重归自然之道。

其二，中国传统文化在强调天人合一的基础上，也认识到人性和物性的不同，即人相对于物的特殊性。两千多年前，孟子在谈到人与动物的区别时说道："人之所以异于禽兽者几希；庶民去之，君子存之。"就是说，人与动物相区别的东西其实就那么一丁点儿，坚守这一点儿（存之）就成为君子，而丢掉了这一点儿（去之）就和动物差不多。这个"几希"正是人禽相别的界线，坚守这个"几希"就是人之为人的底线。由人性和物性的差异可知人的底线高于一般事物的底线,从而突出了人的道德主体地位。

其三,中国传统文化主张和而不同,凸显了既包容又坚守的文化底线。万物都是"道"的体现,并行不悖,互不相害,天地能够容纳万物,和谐的状态是多样性的共存,而不是狭隘的一致,不能以一己之私利剥夺其他事物的生存权利,同时也要坚守自身的文化底线。

其四,中国传统文化中的忧患意识是对生存底线的自觉和保护底线的预警。如古人云,"生于忧患,死于安乐""居安思危,思则有备,有备无患""明者远见于未萌,而智者避危于无形""知止而后有定,定而后能静,静而后能安,安而后能虑,虑而后能得"等。中国古人强调对未来做最坏打算的忧患意识很普遍,甚至形成了一种独特的文化传统。

二、新时代提高底线思维能力的重要性和紧迫性

(一)坚持底线思维是中国共产党革命、建设、改革的宝贵经验和伟大智慧

底线思维在党内提出的时间不长,但是作为中国共产党实事求是思想路线的重要体现,对底线思维的认识和实践贯穿中国共产党人革命、建设和改革的全过程。一部中国共产党的历史,就是一部不断认识和实践底线思维的历史。坚持底线思维,增强忧患意识,是我们党战胜各种风险挑战、不断从胜利走向胜利的重要思想方法、工作方法和领导方法。

毛泽东同志堪称运用底线思维最自觉、最卓越的共产党人。他强调:"必须预计到最困难最危险最黑暗的种种可能情况,并从这点出发去克服困难,争取光明与胜利的局面"[1],"从最坏的可能性着想,总不吃亏"[2]。他

---

[1] 《毛泽东文集》第三卷,人民出版社1996年版,第440页。
[2] 《毛泽东文集》第六卷,人民出版社1999年版,第404页。

甚至明确把最坏的可能称为"极点",认为"世界上的事情你不想到那个极点,你就睡不着觉"①。归结起来,他认为任何事情都要"做好了一切准备,即使发生最困难的情况,也不会离原来的估计相差太远,这不是很好吗?所以,根本的就是这两条:一是争取最有利的局面;二是准备应付最坏的情况"②。

1. 毛泽东领导新民主主义革命和社会主义改造对底线思维的运用

作为一位有着丰富阅历的伟大的革命家、战略家、理论家和卓越的方法论大师,毛泽东同志的思维方法有太多需要总结的地方,在底线思维方面的素材尤其丰富。

一是在新民主主义革命时期,通过对马克思主义的灵活运用,毛泽东同志科学阐述了中国的国情,中国社会的性质,中国革命的对象、任务、动力、性质、前途,以及为取得中国革命成功而采取的统一战线、武装斗争和党的建设等问题。从历史上看,毛泽东同志对构成中国革命基本问题的论述是深刻的,而且处处体现了底线思维的逻辑和方法。

如果说中国新民主主义革命任务的艰巨性,决定了毛泽东同志不得不坚持底线思维,是一种客观形势逼迫下的被动选择,那么,当1945年抗战形势和1949年解放战争形势根本好转的条件下,毛泽东同志仍坚持从底线思维出发,则体现了其主观上运用底线思维方法的高度理性和高度自觉。如1945年,抗战胜利前夕,毛泽东同志在党的七大上指出:"有一个问题要讲清楚,叫做'准备吃亏'。有些同志希望我讲一些困难,又有些同志希望我讲一点光明。我看光明多得很……但是我们更要准备困难。"③毛泽东同志一口气讲了17个方面的困难,涉及国际国内政治形势和舆论、根据地、战争形势、力量变化、中间势力、党的建设、经济发展等方方面面。

---

① 《毛泽东文集》第七卷,人民出版社1999年版,第412页。
② 《毛泽东文集》第八卷,人民出版社1999年版,第425页。
③ 《毛泽东文集》第三卷,人民出版社1996年版,第387页。

对每一个方面,他把困难都估计得很充分。解放战争胜利前夕,毛泽东同志在党的七届二中全会上再次告诫全党:"中国的革命是伟大的,但革命以后的路程更长,工作更伟大,更艰苦。这一点现在就必须向党内讲明白,务必使同志们继续地保持谦虚、谨慎、不骄、不躁的作风,务必使同志们继续地保持艰苦奋斗的作风。"①

二是在社会主义改造时期,毛泽东同志也充分运用了底线思维的战略方法。1953年6月,毛泽东同志首次提出了党在过渡时期的总路线。后经过数次修改,这一总路线被完整表述为:"从中华人民共和国成立,到社会主义改造基本完成,这是一个过渡时期。党在这个过渡时期的总路线和总任务,是要在一个相当长的时期内,基本上实现国家工业化和对农业、对手工业、资本主义工商业的社会主义改造。"② 其中,"一个相当长的时期"的表述体现了毛泽东同志对社会主义改造任务困难程度的预期,并打算用18年的时间完成"基本上建设成为一个伟大的社会主义国家"的任务。1954年6月,在关于《中华人民共和国宪法》草案的讨论中,他再次表达了社会主义改造问题的底线和底线思维。一方面他指出,"一定要完成社会主义改造,实现国家的社会主义工业化"③,这就是原则,这就是底线;另一方面他强调了改造任务的艰巨性,要求对前进过程中的困难有充分的估计。

2. 邓小平领导改革开放对底线思维的运用

实践证明,中国改革开放和社会主义现代化建设伟大事业之所以能够成功开启,很大程度上是因为邓小平同志坚持了"贫穷不是社会主义"④"不改革开放,不发展经济,不改善人民生活,只能是死路一条"⑤ 的底线;中国改革开放和社会主义现代化建设事业之所以能够平稳快速推进,

---

① 《毛泽东选集》第四卷,人民出版社1991年版,第1438—1439页。
② 中共中央文献研究室编:《建国以来重要文献选编》第四册,中央文献出版社1993年版,第348—349页。
③ 《毛泽东年谱(1949—1976)》第二卷,中央文献出版社2013年版,第251页。
④ 《邓小平文选》第三卷,人民出版社1993年版,第225页。
⑤ 同④,第370页。

很大程度上是因为改革开放始终坚持了四项基本原则这一条底线；中国改革开放和社会主义现代化建设事业之所以能够取得举世瞩目成就，同样很大程度上是因为以邓小平同志为主要代表的中国共产党人始终坚持从实际出发，从最困难的可能性出发，并做好了充足的准备，牢牢掌握了发展的主动权。总之，底线思维构成了邓小平思维方法论的重要方面，坚持底线思维对我们更好地推进改革开放和社会主义现代化建设事业具有重要意义。

3. 江泽民、胡锦涛在执政党建设和确立科学发展观方面对底线思维的运用

以江泽民同志为主要代表的中国共产党人和以胡锦涛同志为主要代表的中国共产党人，紧紧围绕建设一个什么样的党、怎样建设党，实现什么样的发展、怎样发展两个根本问题，继承和发展毛泽东同志和邓小平同志的思维方法论，在带领全国人民坚持和发展中国特色社会主义的过程中，灵活运用了包括底线思维在内的多种思维方法。

4. 习近平在推进新时代中国特色社会主义事业的伟大征程中对底线思维的运用

中国特色社会主义进入新时代，习近平总书记统筹中华民族伟大复兴战略全局和世界百年未有之大变局，科学分析和深刻把握新时代完成中华民族伟大复兴历史使命必然要遭遇的风高浪急，甚至惊涛骇浪，反复强调"全党必须增强忧患意识，坚持底线思维，坚定斗争意志，增强斗争本领，以正确的战略策略应变局、育新机、开新局"[①]。党的十八大以来，以习近平同志为核心的党中央，面对世界之变、时代之变、历史之变的加速演进，科学把握战略机遇和风险挑战，始终坚持底线思维，在推进全面从严治党、实现经济社会发展、坚决维护国家安全、全方位开展中国特色大

[①] 《高举中国特色社会主义伟大旗帜 奋力谱写全面建设社会主义现代化国家崭新篇章》，《人民日报》2022年7月28日。

国外交，以及抗击新冠疫情等方面都取得了举世瞩目的伟大成就。

总之，底线思维作为一种思维方法是中国共产党实事求是思想路线的重要体现，其运用和实践贯穿中国共产党人革命、建设和改革的全过程。在中国共产党 100 多年的奋斗历程中，以毛泽东同志、邓小平同志、江泽民同志、胡锦涛同志、习近平同志为主要代表的中国共产党人不仅形成了运用和实践底线思维的科学框架，即正确研判国情和形势是前提、明确发展目标和任务是关键、始终代表最广大人民和民族的根本利益是归宿，而且在一系列重大问题的处理上，如新民主主义革命、社会主义改造、改革开放、执政党建设和树立科学发展观，以及推进新时代中国特色社会主义事业等方面，灵活运用和发展了底线思维的逻辑和方法，构成了中国共产党人认识和实践底线思维的历史传承。

（二）新时代世情、国情、党情的新形势、新任务决定了必须高度重视坚守底线思维

首先，从国际形势看。党的二十大报告指出，"当前，世界百年未有之大变局加速演进，新一轮科技革命和产业变革深入发展，国际力量对比深刻调整，我国发展面临新的战略机遇。同时，世纪疫情影响深远，逆全球化思潮抬头，单边主义、保护主义明显上升，世界经济复苏乏力，局部冲突和动荡频发，全球性问题加剧，世界进入新的动荡变革期。"[①]

其次，从国内来看。党的二十大报告指出，"我国改革发展稳定面临不少深层次矛盾躲不开、绕不过"[②]，"我们的工作还存在一些不足，面临不少困难和问题。主要有：发展不平衡不充分问题仍然突出，推进高质量发展还有许多卡点瓶颈，科技创新能力还不强；确保粮食、能源、产业链供

---

① 习近平：《高举中国特色社会主义伟大旗帜　为全面建设社会主义现代化国家而团结奋斗——在中国共产党第二十次全国代表大会上的报告》，人民出版社 2022 年版，第 26 页。
② 同①。

应链可靠安全和防范金融风险还须解决许多重大问题；重点领域改革还有不少硬骨头要啃；意识形态领域存在不少挑战；城乡区域发展和收入分配差距仍然较大；群众在就业、教育、医疗、托育、养老、住房等方面面临不少难题；生态环境保护任务依然艰巨"①。这都需要我们运用底线思维去制定宏观政策、防控风险、解决发展短板。

最后，从党的领导与党的建设情况来看。党的二十大报告指出，"一些党员、干部缺乏担当精神，斗争本领不强，实干精神不足，形式主义、官僚主义现象仍较突出；铲除腐败滋生土壤任务依然艰巨"②，"党的建设特别是党风廉政建设和反腐败斗争面临不少顽固性、多发性问题"③。因此，我们必须增强忧患意识，坚持底线思维。

（三）坚持底线思维是坚持稳中求进工作总基调的原则要求

"稳"与"进"是我们所有工作的总要求。我们要把握好"稳"与"进"的关系，"稳"是主基调，"稳"是大局。我们既要在稳的前提下在关键领域有所进取，又要在把握好度的前提下奋发有为。因此，必须坚持底线思维，增强忧患意识，强化风险意识，着力打赢防范化解重大风险攻坚战。否则可能犯脱离实际、超越阶段而急于求成、急躁冒进的错误，不仅不能在关键领域有所"进"，反而导致经济社会发展出现巨大倒退，丧失各项工作的主动权。

（四）新时代一些领导干部底线思维能力还存在不足

新时代一些领导干部底线思维能力还存在不足，突出表现在以下三个方面。一是思想麻痹大意，风险意识不够强。当今社会矛盾无处不在，风

---

① 习近平：《高举中国特色社会主义伟大旗帜　为全面建设社会主义现代化国家而团结奋斗——在中国共产党第二十次全国代表大会上的报告》，人民出版社2022年版，第14页。
② 同①。
③ 同①，第26页。

险无处不在，我们面临的各种问题与挑战更加复杂，但一些干部仍存在风险意识不够强的问题，既不能及时发现问题，也不能采取有效措施来应对风险，甚至存在"太平无事，马放南山"的麻痹思想。二是斗争精神不足，斗争本领不强。长期的和平环境和缺乏斗争历练，使得一些干部斗争意识不强、斗争意志不坚和斗争本领不高，一厢情愿地抱有"朴素而善良"的美好愿望，一味"温良恭俭让"，考虑"力所能及"多、"力不能及"少。三是处置应对风险的能力不足。个别领导干部没有掌握正确的工作方法，工作上缺乏整体性、连续性、稳定性。比如，对已经识别出的风险，虽然采取有效措施解决了表面上的"易爆点"，但形成风险的深层次矛盾未能彻底解决，导致"一波未平，一波又起""按下葫芦浮起瓢"；对一些已经暴露的风险点的成因、特征和演化趋势认识不清、把握不准，做不到见微知著、一叶知秋，造成"小病不治成大病"；对一些风险的关联性认识不深，目光只停留在一时一域，导致操作上引发次生风险；等等。

案例　河南郑州"7·20"特大暴雨灾害应对处置

2021年7月17日至23日，河南省遭遇历史罕见特大暴雨，发生严重洪涝灾害，特别是7月20日郑州市遭受重大人员伤亡和财产损失。全省因灾死亡失踪398人，其中郑州市380人，新乡市10人，平顶山市、驻马店市、洛阳市各2人，鹤壁市、漯河市各1人。郑州市因灾死亡失踪人数占全省的95.5%。河南郑州"7·20"特大暴雨灾害是一场因极端暴雨导致严重城市内涝、河流洪水、山洪滑坡等多灾并发，造成重大人员伤亡和财产损失的特别重大自然灾害。郑州市委、市政府及有关区县（市）、部门和单位风险意识不强，对这场特大灾害认识准备不足、防范组织不力、应急处置不当。例如，在这轮强降雨到来之前，气象部门已经作了预报，郑州市委、市政府对此轮强降雨过程重视不够，主要负责人仍主观上认为北方的雨不会太大，思想麻痹、警惕性不高。又如，应急响应严重滞后。郑州市以气象灾害预报信息为先导的防汛应急响应机制尚未有效建立，应急行动与预报信息发布明显脱节，直到 20 日 16:01 气象部门发布第 5 次红色预警，郑州市才于 16:30 启动Ⅰ级应急响应，但也没有按预案要求宣布进入紧急防汛期。90% 以上死亡失踪时间集中在Ⅰ级应急响应启动前的 13 时至 15 时。再如，关键时刻统一指挥缺失。在这场重大灾害应对过程中，郑州市委、市政府缺乏全局统筹，对市领导在前后方、点和面上的指挥没有具体的统一安排，关键时刻无市领导在指挥中心坐镇指挥、掌控全局。

总之，坚持底线思维是全面建设社会主义现代化国家、实现中华民族伟大复兴中国梦的坚强保障。中华民族的伟大复兴，不是轻轻松松、敲锣打鼓就能实现的，需要保持充分的战略定力和战略耐心，攻坚拔寨、勇闯关隘。坚持底线思维，搞清楚底线在哪里、风险在哪里，哪些事情可以做、哪些事情不能做，最坏的情况是什么、最好的结果是什么，意义重大。

三、怎样提升底线思维能力

底线思维能力包括及时精准找到底线的能力、坚决守住底线的能力、奋力转化底线的能力。简单来说，就是找到底线、守住底线、优于底线。

（一）新时代新征程需要重点坚守的底线

如何明确底线，首先要深入学习习近平总书记关于治国理政各领域的底线的重要论述。运用底线思维、提高底线思维能力，是以习近平同志为核心的党中央应对错综复杂形势、保持战略定力的思想方法和工作方法，是新时代全面推动中国特色社会主义事业发展的治理智慧。习近平总书记在讲底线思维时很多时候是与讲防控风险联系在一起的，强调要充分估计最坏的可能性，要通过主动作为防止出现最坏的情况，坚决守住治国理政各领域的各种底线，特别是要重点防控那些可能迟滞或中断中华民族伟大复兴的全局性风险，体现出强烈的忧患意识和高度的风险意识。习近平总书记为一切领域和各方面工作都划出了底线、红线，形象地说是加上了"安全阀""制动器""保险杠"。我们可从以下几个方面把握。

1. 政治底线

政治底线是关涉道路、方向和立场的重大原则问题，决定着中国特色社会主义的前途和命运。"在道路、方向、立场等重大原则问题上，旗帜要鲜明，态度要明确，不能有丝毫含糊。"[①]

首先，中国特色社会主义是道路底线，要求我们必须坚定不移地走中国特色社会主义道路。这条道路是中国共产党和中国人民在长期革命、建设、改革实践中历经艰险不断探索出来的光明之路，是党和人民团结、奋进、胜利的旗帜。这个旗帜从根本上改变了中华民族和中国人民的前途命运，是必须坚守的底线。没有了这条底线，发展就会偏离轨道和方向。

其次，中国特色社会主义是方向底线，习近平总书记强调："中国特色社会主义是社会主义而不是其他什么主义，科学社会主义基本原则不能丢，丢了就不是社会主义。"[②] "既不走封闭僵化的老路，也不走改旗易帜的邪路。"[③]

再次，坚持以人民为中心是立场底线。要求我们坚持人民主体地位，"人民是历史的创造者，是决定党和国家前途命运的根本力量"[④]；坚持人民利益导向，坚持一切从人民利益出发想问题，以最广大人民的根本利益

[①] 中共中央宣传部编：《习近平总书记系列重要讲话读本（2016年版）》，学习出版社、人民出版社2016年版，第284页。

[②] 《习近平谈治国理政》，外文出版社2014年版，第22页。

[③] 中共中央文献研究室编：《习近平关于全面深化改革论述摘编》，中央文献出版社2014年版，第14页。

[④] 习近平：《决胜全面建成小康社会　夺取新时代中国特色社会主义伟大胜利——在中国共产党第十九次全国代表大会上的报告》，人民出版社2017年版，第21页。

为最高标准；坚持人民满意标准，"让群众满意是我们党做好一切工作的价值取向和根本标准，群众意见是一把最好的尺子"①。

最后，要坚守政治安全底线。习近平总书记强调："要把维护国家政治安全特别是政权安全、制度安全放在第一位，提高对各种矛盾问题预测预警预防能力。"② "对危害中国共产党领导、危害我国社会主义政权、危害国家制度和法治、损害最广大人民根本利益的问题，必须旗帜鲜明反对，不能让其以多样性的名义大行其道。这是政治底线，不能动摇。"③

2. 意识形态底线

党的十八大以来，以习近平同志为核心的党中央高度重视意识形态工作，就意识形态领域的战略性、方向性问题作过多次重要部署。习近平总书记指出："意识形态工作是党的一项极端重要的工作。"④ "极端重要"的定位，实际上是把意识形态作为全党不能忽视、更不能失控的重要底线。为了确保意识形态工作"导向不能改，阵地不能丢"，必须坚持党管意识形态的原则底线，其他中心工作与意识形态工作两手抓两手硬、同步部署同步落实；必须坚持马克思主义的思想底线，巩固马克思主义在意识形态领域的指导地位；必须坚持守好基础底线，巩固全党全国人民团结奋斗的共同思想基础；必须坚持信仰底线，坚定马克思主义信仰、中国特色社会主义信念和实现中华民族伟大复兴中国梦的信心；必须坚持以人民为中心的价值底线，解决好哲学社会科学研究和文化文艺为谁创作、为谁立言的问题；必须坚持舆论底线，提高新闻舆论引导力、影响力、传播力和公信力。

---

① 习近平：《在党的群众路线教育实践活动总结大会上的讲话》，人民出版社2014年版，第10—11页。
② 中共中央党史和文献研究院编：《习近平关于防范风险挑战、应对突发事件论述摘编》，中央文献出版社2020年版，第32页。
③ 中共中央文献研究室编：《习近平关于社会主义政治建设论述摘编》，中央文献出版社2017年版，第131页。
④ 《习近平谈治国理政》第一卷，外文出版社2018年版，第153页。

提高科学思维能力

3. 经济底线

经济底线，主要是指保障经济健康发展和金融安全的底线。习近平总书记强调："必须坚持标本兼治、远近结合，牢牢守住不发生系统性风险底线。"① 这就要求我们面对经济发展问题，要审时度势，全面分析和精准研判经济发展形势，坚持宏观政策稳、微观政策活、社会政策托底的思路，坚持"稳"的总基调，积极应对风险挑战。做好稳就业、稳金融、稳外贸、稳外资、稳投资、稳预期的准备。守稳的同时，还需更加积极作为，把转方式和调结构放在重要位置，力争确保我国经济健康发展。保障经济健康发展还要维护好金融安全，"维护金融安全，是关系我国经济社会发展全局的一件带有战略性、根本性的大事"②。防范化解金融风险，就要坚持底线思维，做到稳中求进，抓住金融领域主要问题，充分认识"金融活，经济活；金融稳，经济稳"的道理。只有金融安全了，经济才会安全，健康发展才会有保障。坚决消除监管空白和盲区，强化央地监管协同，牢牢守住不发生系统性金融风险底线。

4. 社会底线

社会底线主要是指健全社会保障体系和人民安全的底线。习近平总书记指出："按照兜底线、织密网、建机制的要求，全面建成覆盖全民、城乡统筹、权责清晰、保障适度、可持续的多层次社会保障体系。"③ "全面建成"和"多层次"就是新时代健全社会保障体系的核心要义。我国从决胜全面建成小康社会迈向现代化国家，就要以全面建成中国特色社会保障体系为重要依托，而全面建成中国特色社会保障体系又要以建成合理的多层次保障体系为基本条件。多层次系统主要涉及就业、养老、收入分配、医疗保

---

① 习近平：《当前经济工作的几个重大问题》，《求是》2023年第4期。
② 中共中央宣传部、国家发展和改革委员会编：《习近平经济思想学习纲要》，人民出版社、学习出版社2022年版，第150页。
③ 习近平：《决胜全面建成小康社会 夺取新时代中国特色社会主义伟大胜利——在中国共产党第十九次全国代表大会上的报告》，人民出版社2017年版，第47页。

障、社会救助、住房保障等方面。要"按照守住底线、突出重点、完善制度、引导预期的工作思路,从人民群众最关心最直接最现实的利益问题入手,采取针对性更强、覆盖面更大、作用更直接、效果更明显的举措,集中力量做好基础性、兜底性民生建设"①。坚守社会底线要求兜住生命安全底线。习近平总书记反复强调人民至上、生命至上,在保护人民生命安全面前,可以不惜一切代价。曾强调:"人命关天,发展决不能以牺牲人的生命为代价。这必须作为一条不可逾越的红线。"②

5. 生态底线

生态环境安全是国家安全的重要组成部分,是经济社会持续健康发展的重要保障。习近平总书记提出"生态兴则文明兴,生态衰则文明衰"③。要求"像保护眼睛一样保护生态环境,像对待生命一样对待生态环境"④,守住发展和生态两条底线。习近平总书记强调:"在生态环境保护问题上,就是要不能越雷池一步,否则就应该受到惩罚。"⑤ "只有实行最严格的制度、最严密的法治,才能为生态文明建设提供可靠保障。"⑥ "加快构建生态功能保障基线、环境质量安全底线、自然资源利用上线三大红线。"⑦

6. 对外交往底线

对外交往底线主要是指对外交往中要捍卫国家核心利益的底线。国家核心利益包括国家主权、国家安全、领土完整、国家统一、宪法确立的国家政治制度和社会大局稳定、经济社会可持续发展的基本保障六方面的内

---

① 《习近平谈治国理政》第二卷,外文出版社 2017 年版,第 374 页。
② 中共中央文献研究室编:《习近平关于社会主义社会建设论述摘编》,中央文献出版社 2017 年版,第 143 页。
③ 中共中央文献研究室编:《习近平关于社会主义生态文明建设论述摘编》,中央文献出版社 2017 年版,第 6 页。
④ 习近平:《论坚持人与自然和谐共生》,中央文献出版社 2022 年版,第 88 页。
⑤ 同④,第 32 页。
⑥ 中共中央宣传部、中华人民共和国生态环境部编:《习近平生态文明思想学习纲要》,学习出版社、人民出版社 2022 年版,第 84 页。
⑦ 同④,第 173 页。

容。习近平总书记提出"五个充分估计",即"要充分估计国际格局发展演变的复杂性""要充分估计世界经济调整的曲折性""要充分估计国际矛盾和斗争的尖锐性""要充分估计国际秩序之争的长期性""要充分估计我国周边环境中的不确定性"[①],又强调"任何外国不要指望我们会拿自己的核心利益做交易,不要指望我们会吞下损害我国主权、安全、发展利益的苦果"[②]。

7. 党的建设底线

党的建设底线主要是指党员干部面对"四大考验""四种危险"时坚守不忘初心、牢记使命的底线。习近平总书记指出:"忘记初心和使命,我们党就会改变性质、改变颜色,就会失去人民、失去未来。"[③] 一是坚持和加强党的全面领导。牢记"把党的领导落实到党和国家事业各领域各方面各环节,使党始终成为风雨来袭时全体人民最可靠的主心骨"[④]。二是坚守思想防线,坚定理想信念是党员干部"安身立命的根本"。深刻领悟"两个确立"的决定性意义,增强"四个意识"、坚定"四个自信"、做到"两个维护"。三是守住责任底线。党员干部"只要能守住做人、处事、用权、交友的底线,就能守住党和人民交给自己的政治责任,守住自己的政治生命线"[⑤]。四是严守德法纪底线。习近平总书记指出,"把合格的标尺立起来,把做人做事的底线划出来,把党员的先锋形象树起来"[⑥]。

以上政治底线、意识形态底线、经济底线、社会底线、生态底线、对

---

① 《习近平谈治国理政》第二卷,外文出版社 2017 年版,第 442 页。
② 中共中央文献研究室编:《习近平关于实现中华民族伟大复兴的中国梦论述摘编》,中央文献出版社 2013 年版,第 66 页。
③ 《习近平著作选读》第二卷,人民出版社 2023 年版,第 298 页。
④ 习近平:《高举中国特色社会主义伟大旗帜 为全面建设社会主义现代化国家而团结奋斗——在中国共产党第二十次全国代表大会上的报告》,人民出版社 2022 年版,第 26 页。
⑤ 中共中央文献研究室编:《十八大以来重要文献选编(上)》,中央文献出版社 2014 年版,第 138 页。
⑥ 习近平:《突出问题导向确保取得实际成效 把全面从严治党落实到每一个支部》,《人民日报》2016 年 4 月 7 日。

外交往底线、党的建设底线是有机统一的整体，相辅相成、相互促进、相得益彰。底线思维还具有系统性、全局性、目的性、价值性、前瞻性、主动性等特点，治国理政各领域各方面的底线也会随着时代和实践的发展不断丰富和完善。

各级领导干部要在习近平总书记所强调的底线基础上，结合自己部门的工作实际，明确部门工作底线。以应急管理部门工作为例，其应该坚守的具体底线如下。

一是安全发展的底线。习近平总书记反复强调，人命关天，发展绝不能以牺牲人的生命为代价。为此，应急管理部门在综合监管和执法中，要充分发挥职能作用，坚决守住这个底线。

二是防范风险的底线。第一条，对各领域系统性安全风险，比如危化领域、自建房领域这些已经认识到的系统性安全风险必须坚决防住。对其他能防住的重特大灾害事故，都必须全力防控，关口前移，压实责任，努力将问题解决在萌芽之时、成灾之前。第二条，对难以防控的风险，比如台风、地震和没有防住的洪涝等，要全力以赴避险，千方百计保护人民生命安全。第三条，防范灾害事故的能力水平要不断有新的提高，能适应老百姓对安全感的期待。

三是应急救援的底线。具体要牢牢把握三条底线，其一，要始终把救人放在第一位，为了抢救生命关键时刻可以不惜一切代价，最大限度减少伤亡。其二，要守住安全施救的底线，严格落实救援人员安全措施，坚决防止盲目施救造成事故扩大甚至更大的伤亡。其三，要有大局意识、政治意识和群众观念，严防处置不当影响社会稳定，不能让单一灾害事故变成系统性、全局性风险。不能让灾害事故的性质发生变化，产生政治风险。

四是领导干部履职的底线。其一，要把自己职责范围内的风险防控好，做到守土有责、守土负责、守土尽责，不让自己履职范围内的风险隐患酿成大的灾难。其二，要认真吸取教训，包括对历史的教训、他人的教训、国内外的教训。特别是在自己工作范围内已经发生的灾害事故，一定要认真吸取教训、整改落实，绝不能重蹈覆辙。

（二）党员干部提高底线思维能力的实践要求

全面建设社会主义现代化国家、全面推进中华民族伟大复兴正处于关键时期。关键时期往往也是矛盾凸显期、风险高发期。广大党员要本着对历史负责、对人民负责的态度，善于运用底线思维，勇于战胜前进道路上的各种艰难险阻，牢牢把握主动权。总体而言，底线思维的确立和运用应当树立四种意识、遵循三条原则、重视两个因素、增强一种精神。

1. 树立四种意识

底线思维在实践中的确立和运用，要求主体必须树立责任与担当意识、忧患与风险意识、全局与战略意识、问题与行动意识。只有这样，才能在实际工作中预知和控制风险，把握全局的发展。

一是责任与担当意识。习近平总书记强调各级领导干部在工作中要有"时时放心不下"的责任感，担当作为，求真务实，防止各类"黑天鹅""灰犀牛"事件发生[①]。2022年4月，习近平总书记赴海南考察调研，在听取海南省委和省政府工作汇报时，他有感而发："诸葛一生唯谨慎，吕端大事不糊涂。有位革命前辈曾说过这样的话，'时时放心不下'。我听了很有共鸣。"[②] "时时放心不下"，彰显共产党人的优秀品质和责任担当。当前，实现中华民族伟大复兴正处在滚石上山、爬坡过坎的关键时期。事业越伟大，形势越复杂，越需要党员干部保持"时时放心不下"的责任意识和工作状态，担当作为、求真务实、不懈奋斗。

二是忧患与风险意识。忧患与风险意识是底线思维的核心，忧患意识

[①]《分析研究当前经济形势和经济工作　审议〈国家"十四五"期间人才发展规划〉》，《人民日报》2022年4月30日。

[②]《"探索试验蹚出来一条路子"——记习近平总书记赴海南考察调研》，《人民日报》2022年4月15日。

着眼于风险预判和防患未然。什么是忧患意识？习近平总书记给出了明确答案："我们共产党人的忧患意识，就是忧党、忧国、忧民意识，这是一种责任，更是一种担当。"①忧患与风险意识要求"晨思夕念、朝乾夕惕""如临深渊、如履薄冰"。具体而言，这种忧患与风险意识体现在三个层次：一是觉察评估风险，找到底线；二是防范应对风险，守住底线；三是主动化解风险，优于底线。从管理学角度看，大多数"黑天鹅"本质上都是"灰犀牛"。2004年8月，浙江省近48年来最强台风"云娜"登陆，时任浙江省委书记的习近平同志，在防御台风工作电视电话会议中明确强调，与其说抗，不如说抗的重点是防。他还明确了防的目标是"不死人，少伤人"。要求"宁可十防九空、也不能万一失防；宁可事前听骂声，不可事后听哭声；宁可信其来，不可信其无；宁可信其重，不可信其轻"②。对于增强忧患意识，习近平总书记还要求注意把握好度，防止过犹不及。2014年12月，面对经济发展进入新常态，他指出："我们要增强忧患意识，但也不能过了头，不要杞人忧天。"③

三是全局与战略意识。底线思维的确立和运用，要求我们树立全局与战略意识。也就是说，在谋篇布局、制定战略规划时，必须把底线放到总体战略的全局中去思考。必须了解战略全局的系统由哪些子系统构成，各子系统包括哪些主要环节，各主要环节有哪些系统要素在发挥作用，各子系统、各环节、各要素之间的运作方式和因果逻辑链条是什么，系统的外环境又有哪些因素，以什么方式影响系统的运行等问题。只有搞清楚这些问题，才能避免片面性，更好地发挥底线思维的科学预见作用。

四是问题与行动意识。正如我们前面讲到的，底线思维不是一种消极

---

① 中共中央文献研究室编：《习近平关于全面从严治党论述摘编》，中央文献出版社2016年版，第5页。

② 本书编写组编著：《干在实处 勇立潮头——习近平浙江足迹》，人民出版社、浙江人民出版社2022年版，第318页。

③ 中共中央文献研究室编：《十八大以来重要文献选编（中）》，中央文献出版社2016年版，第246页。

被动的思维，而是一种积极主动的思维。也就是说，底线思维并不是一味"保底""守底"，而是在准确预估风险和防范风险的基础上锐意进取，通过改革解决危机和困难，从而把握主动，有所作为。底线思维要求做任何事必须把握主动权。首先主动权的把握必须建立在对客观事物或对象的正确理解和认识的基础上，即问题意识；其次主动权的把握必须发挥人的主观能动性，即行动意识。底线思维不仅要求"思"，更要求"行"；不仅要求防范风险，更要求主动出击，以实际行动化解风险。习近平总书记一直强调问题意识，要求党员干部以重大问题为导向，抓住关键问题进一步研究思考，着力推动解决我国发展面临的一系列突出矛盾和问题。我们正是通过改革不断解决党和国家事业发展中的各种问题。当前环境下，更需要我们强化问题意识，在改革中发现问题、思考问题、解决问题，并由此推动改革的不断深化。

2. 遵循三条原则

这三条原则分别是矛盾转化原则、渐进适度原则和有守有为原则。

一是矛盾转化原则。矛盾转化是马克思主义哲学关于矛盾学说的重要范畴。掌握和运用唯物辩证的矛盾转化观，有助于我们提高底线思维能力，正确认识和处理各种矛盾，促进各项工作的顺利开展。

首先，要用普遍联系的规律和方法对底线思维运用的环境进行系统的分析和总结。事物联系的多样性决定了事物存在和发展的多样性，所以我们在工作中要科学研判形势，具体分析不同的条件，充分估计各种条件的不同作用。要做到因地制宜、因时制宜，要依据不同地区、不同时期、不同人物的具体条件，确定和掌握政策和决策的底线。

例如，当今的年轻人比他们的父辈、祖辈对未来有更高的预期。对于经历过艰难困苦的老一辈来说，吃饱饭是一个底线的需求和满足，而对于年轻人来说，从小衣食无忧，自然对未来有更高的期望，不仅要温饱，还有更多期待。我们社会的发展和改革，如果跟不上年轻一代的期望，则会使年轻人的失望情绪蔓延，产生社会问题。

其次，要把握对立统一规律，运用底线思维在实际工作中探索分析问题、解决问题的方法。对立统一规律即矛盾规律是唯物辩证法的根本规律。

毛泽东同志指出："矛盾着的对立的双方互相斗争的结果，无不在一定条件下互相转化。"[①] 我们也要认识到，矛盾转化是有条件的。不具备充分的条件，任何矛盾的内部对立面的转化或矛盾之间的转化都是不可能的。我们在工作中运用底线思维解决难题时要善于利用矛盾转化规律，努力将存在风险的不利条件转化为保底图进的有利条件，把握主动权。

矛盾转化有多种趋势。其一，矛盾对立双方的互相转化。例如，如果我们在工作中不善于利用底线思维，没有忧患意识，认为环境条件和工作能力都很好，思想懈怠，种种有利因素就会转化为导致工作麻痹大意的不利条件，造成工作的被动和失败。反之，当工作中面临种种困难，如果我们善于运用底线思维，重视困难、克服困难，确保底线、争取顶线，就会将不利因素转化为有利因素，取得成功。

案例　香港启德机场

香港启德机场未关闭前，被称为"世界最危险机场"，但又被誉为"世界最安全机场"。原来，启德机场位于市中心，周围高楼林立，飞机起落危险性大。但数十年中，启德机场从未出现大灾难。因为航空公司知道这个机场起飞降落比较难，都会派出水平最高、经验最丰富的飞行员飞这个机场。飞行员知道这里太危险，每个人都会考虑最坏的情况，所以警惕性特别高，最终"最危险"变成了"最安全"。

启德机场的例子告诉我们，"做最坏的打算，做最好的努力"，成功的

[①]《毛泽东文集》第七卷，人民出版社1999年版，第239页。

提高科学思维能力

概率反而更大。底线思维绝不是一种消极、被动、止于防范的思维方式，也绝不只是要求仅仅守住底线而无所作为。坚持底线思维，是要求我们从底线出发考虑全盘问题，以扎实务实的精神主动出击、化解风险。启德机场从"最危险"到"最安全"就是利用矛盾转化原则，从"底线"出发找"顶线"的典型案例。

其二，新的矛盾代替旧的矛盾。习近平总书记指出，当前国内外环境都在发生着极为广泛而深刻的变化，我国发展面临着一系列突出矛盾和挑战，前进道路上还有不少困难和问题。"可以说，改革是由问题倒逼而产生，又在不断解决问题中得以深化。"① "我们用改革的办法解决了党和国家事业发展中的一系列问题。同时，在认识世界和改造世界的过程中，旧的问题解决了，新的问题又会产生，制度总是需要不断完善，因而改革既不可能一蹴而就、也不可能一劳永逸。"② 由此，我们可以看到，深水区改革的基本思路，正是要认清当前我国改革面临的新形势和新问题，正确认识其中的矛盾及其转化的可能性和条件，不断创造有利条件，化解不利因素，最终通过改革实现矛盾的有利转化。所以，矛盾转化原则对于确立和运用底线思维、实现我国经济社会的良性发展有着十分重要的理论意义和实践意义。提高底线思维能力要求各级领导干部掌握矛盾转化原则和规律，善于化危为机。

二是渐进适度原则。毛泽东同志论述了矛盾转化过程的前进性和曲折性的统一，告诉人们前途是光明的，道路是曲折的。换言之，矛盾总是要转化的，但矛盾的转化并不是一帆风顺的，问题的解决也不会是一蹴而就的，因此认识和实践底线思维，要掌握渐进适度原则。其一，要明确各项工作的总目标和总任务，以及按时间和领域划分的阶段性的和局部的分目

---

① 中共中央文献研究室编：《习近平关于全面深化改革论述摘编》，中央文献出版社2014年版，第8页。

② 本书编写组编著：《〈中共中央关于全面深化改革若干重大问题的决定〉辅导读本》，人民出版社2013年版，第67页。

标和分任务，这是认识和实践底线思维的关键。在正确研判形势后，我们要确立工作的目标和任务，用于指导我们行动的内容和方向。一方面要根据变化了的形势提出新的发展目标和任务，另一方面要找到完成目标和任务的方法。只有确立了目标，才能更清楚地看出底线，因此明确工作目标和任务，并根据目标和任务决定工作内容和方法是认识和实践底线思维的关键。也就是要明确自己要干什么，长远目标和眼前目标是什么，并将此作为下一步实践的原则和底线。

其二，要把握循序渐进的原则。在确立了工作的目标和任务后，要运用底线思维充分预测未来工作中可能出现的风险和困难，并在此基础上循序渐进，稳中求进。

一个国家的稳定和发展，在很大程度上取决于能否找到适合自身国情的改革路径。一直以来，我们走的都是一条"渐进式改革"之路，也就是在计划经济体制向市场经济体制过渡时，采取循序渐进的、有步骤、分阶段的方式推进改革。经过40多年的改革历程，"渐进式改革"已成为理论界对中国改革的共识。"渐进式改革"既是中国改革的基本方略和特点，也已成为"中国模式"的重要特征。与中国的"渐进式改革"不同，俄罗斯自1990年起选择了"激进式改革"，又称"休克疗法"，经济体制由原来的计划经济突然转变为市场经济。由于改革措施的冲击性，经济发展和社会稳定受到了极大冲击。而中国改革开放以来实现了平稳增长。可以说"摸着石头过河"，就是在实践的过程中寻找底线的过程，就是由于已知条件有限，对改革后果缺乏了解，为了实现目标作出的有限度、稳妥的决策。这种决策是连续性的，即当前一个决策的结果基本明确了时，后一个决策对前一个决策的内容进行修正和补充，以求避免盲目决策所带来的高额改革成本和风险。总之，"渐进式"改革是40多年来中国改革的基本经验。我们确立底线思维要充分汲取"渐进式改革"的成功经验，始终把握渐进原则，从点到面，循序渐进，全面推进。

其三，要坚持适度原则。凡事皆有度，"适度"才有效，我们在实践中要掌握适度原则。坚持底线思维，就要准确认识和把握事物发展过程中质与量相统一的度，科学地估计矛盾运动中从量变到质变的发展趋势及发生变化甚至逆转的可能性，判断出量变到质变的关节点或临界线，从而有效控制风险，防止出现不可挽回的"质变"。习近平总书记以"治大国若烹小鲜"的妙喻，叮嘱所有党员领导干部，面对问题挑战，不仅要有"如履薄冰，如临深渊"的危机意识，更要掌握"治大国若烹小鲜"的适度原则。

三是有守有为原则。坚持底线思维，要处理好"底"与"顶"的辩证关系。一方面，没有始终坚守的"底"，就难以达到真正的"顶"，"守乎其低而得乎其高"；另一方面，没有不断冲"顶"的理念和行动，守"底"就变成了谨小慎微、止步不前。因此，坚持有守有为原则，是确立和运用底线思维的重要内容。需要注意的是，底线思维并不是一种消极被动的防范性思维，坚持底线思维也绝不意味着仅仅守住底线而消极无为。习近平总书记提出底线思维这一问题后，关于底线思维的内涵和意义受到了广泛的重视，但是，大家对底线思维的认识也存在着一些误区。例如，有些同志简单地将底线思维理解为"保底"甚至"不出事""不犯错"，工作的积极性、主动性、创造性下降，甚至因为"怕犯错"而不作为，因为"怕生事"而搁置了原先酝酿和谋划的改革举措。显然，这背离了底线思维的原意。应当看到，底线思维是一种积极主动的思维，它体现了"底"与"顶"的有机结合。因此，底线思维的确立和运用，必须始终坚持有守有为原则。具体而言，这一原则在实践中体现为稳中求进的工作总基调，既强调"根本性问题"上的"稳"即不能出现颠覆性错误，又强调不断开拓、持续发展之"进"。坚持底线思维，既要保持大局稳定，有效防范和控制风险，又要实现持续发展，稳中有为、稳中提质、稳中求进。只有坚持有守有为，才能在实现中华民族伟大复兴的征程中实现最低目标与最高目标的统一。

3. 重视两个因素

从底线思维的内涵、特征等方面，我们不难发现，底线思维的确立和运用涉及方方面面，受到多种因素的影响。其中，最需要我们关注的是主体与制度两大因素。

一是要提高主体内在素养。底线思维是一种思维方法，既包括坚守道德底线的自觉意识，也包括风险思维、忧患意识和保底图进的工作方法。自觉意识是道德修养，工作方法是智慧的体现，都要靠自身修养获得内在的提升。主要包括三个方面的内容。

首先，要提高理论素养，努力掌握马克思主义的锐利思想武器。习近平总书记指出，学哲学用哲学，是我们党的一个好传统。提高底线思维能力，找准底线是前提，加强理论武装是保证。广大党员干部应深入学习马克思主义基本理论，学懂弄通习近平新时代中国特色社会主义思想，掌握贯穿其中的辩证唯物主义世界观和方法论。要通过深入学习，准确把握习近平总书记关于坚持底线思维系列讲话的丰富内涵和精神实质，增强坚守底线的坚定性、自觉性。同时深入实际、深入基层、深入群众，围绕各种风险源进行全面调查研判，经过思考、分析、综合，对形势做出精准判断，找准必须坚守的底线，坚决不让小风险演化为大风险，不让个别风险演化为综合风险，不让局部风险演化为区域性或系统性风险，不让经济风险演化为社会政治风险，不让国际风险演化为国内风险。只有这样，才能防微杜渐、转危为机，下好先手棋、打好主动仗。

其次，党员干部要学会综合运用一系列的科学思维方法。党的十八大以来，习近平总书记的系列重要讲话体现了战略思维、历史思维、辩证思维、系统思维、创新思维、法治思维、底线思维等科学思维方法。这些思维方法各有其特殊内涵、特征，在分析和解决问题中也有着不同的启示和作用，但总体上看，都是科学的思想方法，彼此之间不是孤立的。只有具

提高科学思维能力

备战略思维能力,才能高瞻远瞩、统揽全局,把握事物发展的总体趋势和方向,才能以长远眼光和全局视角对可能出现的危机和风险进行预判;只有具备历史思维能力,才能以史为鉴、知古鉴今,把握历史规律、认清历史走向,从而处变不惊、坚定信心;只有具备辩证思维能力,才能抓住关键、找准重点,既看到有利一面,又看到不利一面,克服片面化、极端化;只有具备系统思维能力,才能从全局和整体出发,观察、思考和处理工作中的关键问题,客观设定最低标准,立足最低点,争取最大期待值;只有具备创新思维能力,才能与时俱进、开拓创新,打破迷信经验、本本和权威的惯性思维,打开工作的新局面;只有具备法治思维能力,才能尊崇法律、敬畏法律,从而做到在法治之下,而不是法治之外,更不是法治之上想问题、作决策、办事情。总之,底线思维不是孤立的,提高底线思维能力只有统筹兼顾、系统推进、多向用力,全面提升科学思维能力,才能真正确立和运用底线思维。

最后,要加强党性修养,坚决守住为官做人的底线。习近平总书记强调:"我们要教育引导广大党员、干部坚定理想信念、坚守共产党人精神家园,不断夯实党员干部廉洁从政的思想道德基础,筑牢拒腐防变的思想道德防线。"[1] 一定意义上讲,底线思维是弘扬高尚道德的思维,可以激发人的精神动力,成就理想人格。党员干部必须坚守廉洁底线,留足安全距离,增强"不想腐"的自觉,知敬畏、存戒惧、守法度,坚决防范被利益集团"围猎",注重家庭家教家风,自觉做廉洁自律、廉洁用权、廉洁齐家的模范。

《韩非子·外储说右下》载:"公孙仪相鲁而嗜鱼,一国尽争买鱼而献之,公仪子不受。其弟子谏曰:'夫子嗜鱼而不受者,何也?'对曰:'夫唯嗜鱼,故不受也。夫即受鱼,必有下人之色;有下人之色,将枉于法;

---

[1] 《习近平谈治国理政》,外文出版社2014年版,第391页。

枉于法，则免于相。虽嗜鱼，此不必致我鱼，我又不能自给鱼。即无受鱼而不免于相，虽嗜鱼，我能长自给鱼。'此明夫恃人不如自恃也，明于人之为己者，不如己之自为也。"

公孙仪嗜鱼但拒鱼的故事，千百年来之所以被人们传为美谈，就是因为他能够清醒认识个人好恶与事业兴衰成败之间的关系，始终做到管住小节，抵御诱惑，慎其所好。实际上，公孙仪的这个拒贿价值观，就是我们今天反腐倡廉所强调的底线思维。这个故事告诉我们以下几点。

其一，要明确风险潜在的可能性。"受鱼"即包藏有风险，送鱼者动机不确定，究竟是出于关心，还是包藏祸心？不得而知。底线思维要求，凡事必须做最坏打算。于是，就有了"夫受鱼而免于相，虽嗜鱼，不能自给鱼"的清醒和自警。

其二，明确自己的底线。既然是"受鱼而免相"，那么"受鱼"便成了风险防控的必控底线。

其三，明确着力点。"即无受鱼而不免于相"，进而获得"虽嗜鱼"而"能长自给鱼"的着力点，运用底线思维来规避风险。

所以公孙仪"嗜鱼"而"不受鱼"，与其说是从政官德的胜利，不如说是底线思维的胜利。公孙仪利用"底线思维"进行"破局"，他使一个关于物欲和公心、本性和道德的选择题变得不再是选择题，而是一项判断题，无关选择要不要，只有判断应不应该。

二是强化底线思维的制度保障。底线思维的确立和运用，不仅需要主体的内在素养提升，也需要完善的制度作保障。

首先，为领导干部提升底线思维能力提供制度保障。制度问题更带有根本性、全局性、稳定性、长期性，应从制度上规定和规范领导干部坚持底线思维的基本原则，为提升领导干部底线思维能力提供良好的制度保障。大力弘扬崇尚底线思维的文化风尚，引导、促使各级领导干部自觉地提升底线思维方法。既要积极构建宏观的制度，各地、各领域也要根据本地的实际情况主动构建具体的更具可操作性的制度，形成制度体系，从而使不同层级、不同领域的领导干部都能得到提升底线思维能力的制度保障。

其次，为各类重大底线的坚守提供制度保障。其一要完善中国特色社会主义法律体系。中国特色社会主义法律体系将中国特色社会主义的根本制度、基本制度、重要制度及具体体制中的成功经验制度化，以宪法和法律的形式加以固定，体现了中国特色社会主义制度的刚性特征，也是坚持底线思维的基础和保障。其二对于各类重大底线的坚守，要求完善的制度保障。例如，要有科学完善的制度织牢民生的底线，筑牢生态环境保护的底线、确保经济平稳运行的底线等。其三要完善党风廉政建设和反腐败斗争的纪律。纪律严明是中国共产党的光荣传统和独特优势。习近平总书记指出："党面临的形势越复杂、肩负的任务越艰巨，就越要加强纪律建设，越要维护党的团结统一，确保全党统一意志、统一行动、步调一致前进。"[1] 严明党的纪律首要的是严明政治纪律，党的纪律是多方面的，政治纪律是最重要、最根本、最关键的纪律。针对组织观念薄弱、组织涣散的问题。只有增强完善组织纪律，才能切实增强党性，切实遵守组织制度，切实加强组织管理，切实执行组织纪律。

最后，要有完善的制度防范和化解各类重大风险。完善防范和化解各类重大风险的政策和制度对维护我国经济稳定、社会和谐发展具有重大意义。面对这些重大风险如系统性金融风险、自然灾害风险、生产安全风险、食品药品安全风险等，都需要不断完善各类风险源的监督管理制度。习近平总书记指出："我们必须标本兼治、对症下药，建立健全化解各类风险的体制机制，通过延长处理时间减少一次性风险冲击力度，如果有发生系统性风险的威胁，就要果断采取外科手术式的方法进行处理。"[2] 对于各

---

[1] 中共中央文献研究室编：《十八大以来重要文献选编（上）》，中央文献出版社 2014 年版，第 131 页。

[2] 《习近平谈治国理政》第二卷，外文出版社 2017 年版，第 232 页。

类重大风险，应着力建立健全风险研判机制、决策风险评估机制、风险防控协同机制和风险防控责任机制。

（三）增强一种精神：充沛顽强的斗争精神

坚守底线思维，不仅是认识问题，更是一个实践问题，必须发扬斗争精神，坚持知行合一、攻坚克难。风险和挑战并不会因为视而不见就不存在，也不会因为消极逃避而自行消失，更不会因为一再退让而息事宁人。习近平总书记更是深刻地指出："防范化解重大风险，需要有充沛顽强的斗争精神。领导干部要敢于担当、敢于斗争，保持斗争精神、增强斗争本领。"[①]

底线思维不是无所作为的消极被动思维，而是奋发向上的积极防御思维，其具有斗争性、进取性、创新性显著特征。党员干部的底线思维能力不是与生俱来、一蹴而就的，也不是一劳永逸的，最重要的方法就是奔着矛盾问题、风险挑战去，积极投身火热的实践，通过斗争实践加温淬火、千锤百炼、锻造成钢。

党依靠斗争走到今天，也必然要依靠斗争赢得未来。历史反复证明，以斗争求安全则安全存，以妥协求安全则安全亡；以斗争谋发展则发展兴，以妥协谋发展则发展衰。当前，我们正在进行具有许多新的历史特点的伟大斗争，面临很多可以预见和难以预见的重大风险，还有很多难关，迫切需要党员干部发扬"充沛顽强的斗争精神"，既要"有守"，更要"有为"，做到守土有责、守土负责、守土尽责。

首先要与突破底线的行为作斗争，面对歪风邪气敢于坚决斗争。其次在重大风险和困难面前，要勇于斗争。敢于迎战才有生路、敢于斗争才有可能成功。党员干部敢于担当作为，既是政治品格，也是从政本分。要以

[①]《提高防控能力着力防范化解重大风险　保持经济持续健康发展社会大局稳定》，《人民日报》2019年1月22日。

提高科学思维能力

对党忠诚、为党分忧、为党尽职、为民造福的政治担当，面对大是大非敢于亮剑，面对矛盾敢于迎难而上，面对危机敢于挺身而出，面对失误敢于承担责任，面对歪风邪气敢于坚决斗争，做疾风劲草，当烈火真金，永葆斗争精神，以顽强意志应对好每一场重大风险挑战。

其次党员干部还须善于斗争。无论干事创业还是攻坚克难，不仅要政治过硬，也需要本领高强。善于斗争要求正确运用斗争策略方法。科学把握大局大势，抓主要矛盾和矛盾的主要方面，分清轻重缓急，科学排兵布阵。坚持有理有利有节，合理选择斗争方式、把握斗争火候，根据形势及时调整斗争策略。坚持"时、度、效"有机结合。下好先手棋、打好主动仗，提高科学预见和前瞻谋划，未雨绸缪、防患于未然。把握好斗争和团结的关系，要团结一切可以团结的力量，调动一切积极因素，在斗争中争取团结，在斗争中谋求合作，在斗争中争取共赢。实践证明，哪里有困难，哪里就有斗争，只要我们勇于斗争、善于斗争，就必然取得胜利。

习近平总书记在党的二十大报告中强调，"全党同志务必不忘初心、牢记使命，务必谦虚谨慎、艰苦奋斗，务必敢于斗争、善于斗争"[①]。"三个务必"是从底线思维角度出发，基于对党所处历史方位、面临形势任务、世情国情党情发展变化进行深刻分析作出的重大论断，彰显了百年大党在新时代赶考路上的清醒和坚定。战略上藐视、战术上重视一切风险和挑战，是我们党的优良传统，也是做好各项工作的关键。中国特色社会主义进入新时代，团结带领人民有效应对重大挑战、抵御重大风险、克服重大阻力、解决重大矛盾，对于当代中国共产党人来说既是严峻的考验，也是重大的发展机遇。我们必须掌握马克思主义思想方法和工作方法，提高底线思维能力，在战术上高度重视当前面临的风险和挑战，居安思危、未雨绸缪，牢牢把握工作主动权，着力防范化解重大风险。

[①] 习近平：《高举中国特色社会主义伟大旗帜　为全面建设社会主义现代化国家而团结奋斗——在中国共产党第二十次全国代表大会上的报告》，人民出版社2022年版，第1页。

后　记

习近平总书记在党的二十大报告中指出："我国是一个发展中大国，仍处于社会主义初级阶段，正在经历广泛而深刻的社会变革，推进改革发展、调整利益关系往往牵一发而动全身。我们要善于通过历史看现实、透过现象看本质，把握好全局和局部、当前和长远、宏观和微观、主要矛盾和次要矛盾、特殊和一般的关系，不断提高战略思维、历史思维、辩证思维、系统思维、创新思维、法治思维、底线思维能力，为前瞻性思考、全局性谋划、整体性推进党和国家各项事业提供科学思想方法。"党的十八大以来，习近平总书记治国理政的一个鲜明特点，就是强调要用科学思想方法去观察、思考、分析问题。加强领导干部思维能力训练，引导党员干部运用党的创新理论的立场观点方法破解难题促发展，是聚焦解决中国式现代化山东实践的现实需要，也是巩固拓展学习贯彻习近平新时代中国特色社会主义思想主题教育成果的重要举措，更是贯彻落实习近平总书记对提升各级领导干部思维能力要求的具体体现。

为进一步抓好领导干部思维能力养成，中共山东省委党校（山东行政学院）团队攻关打造了"七种思维能力"课程。我们将七堂课的讲稿结集成图书《提高科学思维能力》正式出版，供领导干部和党校（行政学院）学员参考学习。

本书由白皓担任主编，林学启负责编撰统筹，刘松、燕芳敏、陈彬、焦丽萍、李正义、王凤青、李坤轩、宁福海、满新英、王艳峰、王俊、苗贵安、肖梅、周倩、陈玉忠、王丹丹、郭庆玲、张晓晨、葛梦喆、郭太永、孙丽、王金伟、王笑、赵健雅参与具体编撰工作。中共山东省委党校（山东行政学院）教学研究中心参与策划和审稿工作。中共中央党校（国家行政学院）大有书局出版社对本书出版给予大力支持。在此，向所有为此书出版付出努力、提供帮助的单位、个人致以诚挚感谢。